Échecs et maths
CE2

Le jeu pour compter, analyser, déduire

Éditeur : Olivier Letréguilly
Mise en page et couverture : Singleproduction / Fabrice Infré

ISBN 978-2-916340-63-0

Olibris

Commandes :
570, rue Fra Angelico
34000 Montpellier

Siège social :
Islarun centre d'affaires
52, rte Savanna
97460 St Paul

Diffusion GÉODIF

Site Internet : http://www.olibris.fr

Jérôme Maufras et Gérard Vaysse

Échecs et maths CE2

Le jeu pour compter, analyser, déduire

Olibris

Sommaire

Pourquoi jouer à l'école ?

La sortie des écoles n'est pas seulement bruyante. C'est un lieu d'écoute et d'observation hautement stratégique. Tendez l'oreille et sous des formes voisines vous entendrez un même petit dialogue édifiant se répéter fréquemment :

- Qu'est-ce que tu as fait aujourd'hui ? Tu as quoi comme devoirs ?
- Pendant la récréation (ou à la cantine), j'ai joué avec untel...

Quand l'enfant n'élude pas totalement la question initiale, il y répond en général brièvement. Et les phrases qui prolongent alors la conversation varient assez peu sur le fond. Pour répondre à l'adulte qui s'inquiète du travail réalisé en classe, l'enfant emprunte un chemin de traverse et raconte l'essentiel, c'est-à-dire les jeux, les nouveaux amis et conflits qui ont émaillé sa journée d'école. Cette petite scène récurrente et instructive signifie déjà une chose : avant d'être un sanctuaire du savoir, où l'on apprend à lire, écrire, et compter, l'école est d'abord, dans l'esprit de l'enfant, un lieu de vie et de socialisation, un terrain de jeux où il s'éprouve lui-même, explore son environnement et apprend à connaître les autres dans un même élan.

Multipliant les supports ludiques, l'école maternelle reprend à son compte cette inclination naturelle de l'enfant pour le jeu. Elle initie ce cycle dans lequel le jeu est l'approche pédagogique privilégiée pour construire les apprentissages premiers. *Homo ludens* prend place dans les textes officiels. Quoi de plus naturel à la maternelle ? « Le jeu est l'activité normale de l'enfant. Il conduit à une multiplicité d'expériences sensorielles, motrices, affectives, intellectuelles ... » Et pourtant, selon le chercheur Gilles Brougère, alors que dans les jardins d'enfants de nombreux pays le jeu est « *l'activité centrale par laquelle l'enfant apprend* » la tendance générale est plus frileuse en France. On y a longtemps considéré que le jeu est « *un complément nécessaire du fait de l'âge des enfants, mais qui doit disparaître au plus tôt* ». Une question simple mais qui n'est pas anodine se pose alors : l'école primaire a-t-elle pour vocation de rompre avec cette tendance spontanée du jeune enfant à s'amuser de et avec tout pour l'orienter vers le monde de la connaissance et du travail ? Si l'on répond par l'affirmative, c'est donc que l'on assigne surtout au jeu une fonction transitoire, limitée dans le temps : favoriser l'entrée en matière dans les apprentissages de nos jeunes élèves pour assurer une transition douce et progressive vers les savoirs plus contraignants qui jalonneront leur parcours scolaire futur. Le pendant de cette réponse serait caricatural. Imaginer que le « tout doit être jeu » soit la réponse pertinente et appropriée aux besoins de l'enfant n'aurait de sens qu'au pays d'Utopie.

Mais cette première réflexion, qui s'efforce de mettre en perspective le rôle du jeu dans la scolarisation, a aussi ses limites. Rien ne permet de garantir que jeu et travail s'opposent aussi abruptement, que la rupture – assumée ou non – de l'un vers l'autre résolve une fois pour toutes la question de l'efficacité du processus éducatif. Les mentalités évoluent. Désormais, il est acquis que le jeu et le travail sont choses sérieuses pour l'enfant, mais aussi pour l'éducateur et le pédagogue. Les « jeux sérieux » qui combinent intention pédagogique (éducation à l'environnement durable par exemple) et ressorts ludiques ont fait leur entrée dans les établissements scolaires. Jouer pour apprendre à maîtriser un ou plusieurs savoirs identifiés, tel en est le but. Plus récemment encore, la circulaire ministérielle du 12 janvier 2012 rappelle que le Plan pour les sciences et les technologies à l'école préconise « *le recours aux jeux traditionnels comme les échecs, les jeux à règles (jeux de cartes ou de plateau), les jeux de construction qui permettent de développer la motivation, la concentration des élèves, d'encourager leur esprit d'autonomie et d'initiative et de travailler les fondamentaux par une approche différente.* »

Si l'on veut aider l'école à s'acquitter de ces nouvelles missions, il convient de lire attentivement les recommandations ministérielles. Elles sont sans ambiguïté : « *Dans tous les cas, l'utilisation des situations réelles, avec des objets courants, du matériel spécifique de jeu, doit être préférée aux exercices formels proposés par écrit.* » La conclusion est alors imparable : puisque le jeu est enfin reconnu dans les textes comme un outil privilégié de découverte et de compréhension du monde, susceptible de reproduire la complexité du monde réel et de la faire comprendre à l'élève, il est vraiment plus que temps de découvrir le jeu d'échecs !

Jérôme Maufras et Gérard Vaysse

Pourquoi jouer aux échecs en CE2

Dès le CE2, tous les enfants sont devenus de vrais lecteurs. La maîtrise de cet apprentissage fondamental constitue d'ailleurs, sans ambiguïté, le sésame indispensable pour débuter ce nouveau cycle de la scolarité : le cycle 3, mieux nommé encore cycle des approfondissements. Parvenu à ce stade de la scolarité, il convient que l'élève approfondisse des connaissances qui se sont affermies au cours des 3 années de cycle 2, dont l'objectif scolaire fondamental était l'acquisition d'une lecture autonome. Désormais l'enfant peut et sait lire seul, compte et calcule mieux et plus vite, comprend les principes de la numération de position, raisonne avec plus d'aisance et de fluidité. Il peut, de ce fait, se confronter à des problèmes dont la résolution exige de formuler une hypothèse logique, d'argumenter, de « raisonner ».

Sur le plan psychologique, le caractère des enfants s'affirme, leurs goûts et appétences se précisent. Certes, le jeu libre a encore de beaux jours dans la cour de récréation, mais les jeux à règle, les jeux où l'on s'oppose et se défie, se mesure, se substituent insensiblement aux « jeux de bébés » selon la terminologie qu'utilisent les enfants eux-mêmes. Ils affirment désormais une présence marquée : jeux de cartes plus ou moins codifiées, jeux d'élastique, de corde à sauter, de billes, de scoubidous, jeux sportifs et d'équipe qui feront la part belle à la coopération et à la solidarité mais seront aussi et tout autant le prétexte à des disputes sans fin et de sérieuses controverses... d'enfants.

Les enfants de CE2 ont donc quitté la petite enfance et s'éloignent des jeux régis essentiellement par l'imaginaire et l'arbitraire. Une question se pose alors : ces comportements que l'on peut facilement observer dans les jeux de cour trouvent-ils un écho et un prolongement dans la manière dont les élèves appréhendent les activités en classe ? Comment, dans les faits « scolaires », cette mutation se traduit-elle ? On a coutume de dire que le CE2 est une classe charnière. Un observateur attentif du comportement d'ensemble des élèves pourrait le consigner en quelques phrases. La plupart des enfants sont devenus des élèves au plein sens du terme. Ils ont gagné en autonomie, en rythme de travail et en efficacité. Ils commencent à mieux s'organiser individuellement et en groupes. Ils sont aussi capables de fournir des efforts soutenus. Non seulement le jeu d'échecs va contribuer à asseoir ces comportements et attitudes de « grands » mais il va accompagner les apprentissages disciplinaires.

En Mathématiques, les activités de codage et de décodage sur quadrillage seront grandement facilitées et consolidées par la manipulation de positions sur un échiquier. L'exploitation pédagogique du jeu d'échecs contribuera fondamentalement à la structuration du temps et de l'espace pour l'enfant :

- Temps et durée d'une partie, temps de réflexion attribuée pour jouer ses coups ou pour résoudre un problème d'échecs, séquences de coups joués chronologiquement et que l'on pourra « noter » ou « lire » au fur et à mesure du déroulement d'une séquence de jeu ou d'analyse d'une partie.
- Espace géométrique, qui peut être décrit et analysé, qui suppose l'utilisation rigoureuse et exacte d'un vocabulaire topologique (déplacement, parcours, trajet, direction...) et descriptif simple et précis (cases, rangées, colonnes, diagonales, centre, angles, coins, bandes, notions d'horizontalités et de verticalité...). Ces connaissances acquises s'avéreront extrêmement utiles pour travailler sur le plan en Géométrie et en Découverte du Monde.
- Espace mental que construisent et sollicitent l'apprentissage et la mémorisation des tables

d'addition et de multiplication écrites dans des tableaux à double entrée. À ce sujet, on remarquera que ces acquisitions seront en général plus aisées et plus rapides dans les classes où les élèves jouent aux échecs et apprennent régulièrement à analyser et résoudre des situations problèmes à partir du jeu.

- Proposer de nombreuses activités de découvertes et de nombreux jeux à partir du jeu d'échecs avait animé notre démarche en cycle 2. Au cycle des approfondissements, il va être possible de mener parallèlement des jeux de calcul, de dénombrement et d'échanges qui développeront l'esprit d'abstraction des élèves. Sacrifices, combinaisons brillantes, fourchettes seront maintenant au menu et l'enseignant de CE2 remarquera vite les progrès de ses élèves en calcul mental et réfléchi.

Plus surprenants, pour beaucoup d'enseignants, seront sans doute les progrès effectués par les élèves en Français, tant à l'oral qu'à l'écrit. Or, le jeu d'échecs favorise tout particulièrement le développement des compétences langagières pour tous les enfants et souvent de manière spectaculaire chez les élèves non ou peu francophones. De nombreuses expériences sur le terrain corroborent et même étoffent ce constat. De fait, la pratique du jeu contribue à la structuration de la pensée logique et l'analyse de situations problèmes variées.

La certitude de comprendre, d'avoir trouvé une ou la seule solution dans une situation exposée sur l'échiquier mural incite des élèves parfois peu loquaces et en manque de confiance à prendre la parole. Elle les encourage à s'exprimer devant la classe. En ce sens l'échiquier mural est un formidable vecteur de communication entre les élèves. Il sollicite et retient toutes les attentions. Il permet à l'enseignant d'inciter tous les élèves à s'exprimer devant la classe. En effet, l'élève qui propose un coup dans une situation problème est conduit à expliquer et justifier son choix, son « idée » devant l'ensemble des élèves. Il devra alors argumenter pour expliquer et parfois clarifier son hypothèse. Il devra accepter les louanges ou la critique, les objections et réfutations si sa proposition est invalide ou doit être améliorée. Chaque élève prendra ainsi peu à peu conscience qu'une fois le mode de déplacement des pièces acquis, le jeu d'échecs montre son vrai visage, sa complexité et sa subtilité quand l'on « discute » la valeur des coups joués et proposés. Mais ce qui est sans doute le plus remarquable est que la justesse du raisonnement conduira toujours à la justice du résultat : la perte ou le gain de la partie, la résolution ou non d'un problème, la réussite d'une recherche.

L'élève de CE2 apprendra à effectuer des déplacements de pièces non aléatoires, cohérents et coordonnés, imaginer des stratégies et échafauder des plans pour résoudre des problèmes concrets : donner échec et mat, défendre une pièce, imaginer une attaque une parade, calculer mentalement les conséquences d'une prise ou d'un échange de pièces… Autant d'attitudes dont la bonne observance sera gage de succès et accentuera la confiance en eux des plus hésitants. Autant d'attitudes de réflexion surtout qu'il convient de décliner dans un grand nombre de situations scolaires. Le jeu d'échecs s'inscrit ainsi dans les problématiques actuelles de rénovation des outils pédagogiques. De fait, jamais le contexte n'a été aussi favorable à son développement en milieu scolaire. Le 19 janvier 2012 paraissait au Bulletin Officiel une circulaire sur l'introduction du jeu d'échecs à l'école. Cette reconnaissance institutionnelle, qui vient en appui de la nouvelle convention signée entre le Ministère de l'Éducation et la Fédération Française des Échecs en renforce considérablement le champ d'application. Alors il n'est plus temps d'hésiter et de tergiverser. Sortez les échiquiers, découvrez et faites découvrir à vos élèves ce merveilleux jeu de stratégie. Nous n'en doutons pas une seconde, votre enthousiasme et celui de vos élèves seront notre plus belle récompense.

Jérôme Maufras et Gérard Vaysse

Comment lire ce livre ?

Ce manuel est prévu initialement pour des élèves de CE2. Mais il ne se limite pas nécessairement et strictement à ce niveau. Il ne propose pas non plus un programme strict pour un élève imaginaire. Trois raisons à cela :

- L'évolution rapide des enfants de 5 à 8 ans.
- L'hétérogénéité des classes et des conditions d'enseignement.
- La nécessité d'avoir suffisamment de matériel pour répondre à toutes les situations.

Le spectre est donc plus large que celui du CE2. Suivant les situations, vous trouverez certains exercices plus adaptés à des CM1 et d'autres plus adaptés à des élèves de cycle 2. Nous vous laissons libres de modifier chaque fiche proposée.

De fait, nous vous proposons souvent plus d'exercices ou de situations que vous ne pourrez peut-être en traiter en une seule année scolaire. En soi, ce n'est pas un problème car ce livre est conçu comme un laboratoire d'idées, de pistes et de propositions. Et aux échecs comme en pédagogie, tout est affaire de choix. Ce sera à vous de les faire, même si chaque fiche s'efforce de vous guider au mieux.

Vous aurez, ainsi, nous l'espérons, un vaste choix pour :

- Proposer des exercices simples et évolutifs aux enfants les plus jeunes ou les moins aguerris.
- Proposer des exercices plus complexes aux enfants les plus en avance.
- Proposer des activités et des exercices adaptés à vos objectifs et à votre groupe-classe.
- Prendre en compte l'hétérogénéité et les difficultés pratiques liées à l'apprentissage par 25 élèves d'un jeu prévu pour 2 personnes.
- Vous donner envie, à votre tour, de créer des problèmes originaux et des situations pédagogiques encore inexplorées.

Comment utiliser ce livre ?

Hormis le déplacement des pièces et l'apprentissage de la notion d'échec et mat, les fiches ne sont pas présentées dans un ordre chronologique strict et incontournable. La logique commande toutefois de commencer par une présentation de l'échiquier et de terminer par des jeux de parcours et d'enquêtes un peu plus complexes, nécessitant une certaine maîtrise de compétences techniques.

Chaque fiche est prévue pour des activités d'une durée de 30 à 45 minutes. À raison d'une fiche par semaine, vous pourrez en utiliser environ 35 sur l'année. Libre à vous, suivant la motivation des élèves ou vos choix pédagogiques, d'en utiliser plus ou moins, d'en éliminer, d'en regrouper. Nous laissons votre créativité s'exprimer et espérons vous offrir avec ce manuel le cadre le plus souple possible.

Nous ne saurions trop vous conseiller de prévoir un cahier spécifique pour les activités « jeu d'échecs » de la classe. Vous trouverez en annexe du matériel à photocopier et découper, pour vous et pour les élèves. Quelques coloriages viennent même agrémenter les apprentissages : il nous semble important que le jeu et son environnement restent un plaisir et que chaque élève, en montrant son cahier à ses parents, puisse leur communiquer son enthousiasme.

Il ne nous reste plus qu'à vous souhaiter une bonne lecture et de bonnes parties !

1re partie

Travailler des compétences par l'initiation au jeu d'échecs

FICHE ENSEIGNANT
séance 1

CONSTRUIRE L'ÉCHIQUIER

A. Organisation de la séance

Durée de la séance

30 à 40 minutes en moyenne. Une séance pour fabriquer l'échiquier individuel (16 cm x 16 cm). Deux séances pour fabriquer l'échiquier de grande dimension (64 cm x 64 cm).

Le matériel pédagogique spécifique

Échiquier mural, règles graduées.

Le(s) dispositif(s) pédagogique(s)

L'échiquier mural est placé face aux élèves, les élèves font face au tableau, selon une disposition frontale classique.

B. Objectifs de la séance

1. Les prérequis

Savoir utiliser une règle :
- pour effectuer des tracés précis.
- pour effectuer des mesures précises.
- pour construire l'échiquier, d'après des données précises (mesures, gabarit...)

2. Les objectifs pédagogiques

Objectifs généraux

Respecter des règles de construction précises pour dessiner une figure géométrique.
Utiliser et acquérir un vocabulaire topologique précis en Géométrie.
Case, colonne, rangée, bordure ou bande, horizontale, verticale, diagonale, symétrie.

Travail individuel > SÉANCE 1
- Compléter un texte de présentation de l'échiquier.
- Mesurer précisément un carré et en effectuer le tracé au gabarit indiqué : échiquier de petite dimension (16 cm x 16 cm).
- Repérer et prolonger le tracé des colonnes et rangées de l'échiquier.
- Lettrer et chiffrer l'échiquier.
- Colorier l'échiquier.

Objectifs spécifiques

- Apprendre à utiliser une équerre.
- Tracer et mesurer une figure (un carré), des angles droits.
- Effectuer des tracés précis et soigneux.
- Apprendre à effectuer des mesures d'après des données précises.
- Repérer cases, colonnes et rangées de l'échiquier.
- S'initier aux conventions de codage et décodage des coordonnées de l'échiquier :
    - Les lettres a b c d e f g h correspondent aux colonnes.
    - Les chiffres 1 2 3 4 5 6 7 8 correspondent aux rangées.
    - Case = lettre + chiffre a1, b2, c3...

3. Les compétences à acquérir

- Savoir repérer et nommer les cases, rangées, colonnes, diagonales de l'échiquier
- Savoir placer une position sur l'échiquier à partir du code (Blancs : Re4 Dc5 Fg8 – Noirs Re2 Dh1 Tb6...)
- Savoir coder une position placée sur l'échiquier.

FICHE ENSEIGNANT
séance 1

CONSTRUIRE L'ÉCHIQUIER

C. Déroulement en quatre phases

1. Phase de découverte (collective)

SÉANCE 1

a. On demande aux élèves de donner les informations qu'ils pensent connaître pour dessiner un échiquier (forme, nombre de cases, comparaison avec un damier...). L'échiquier est tracé au tableau par l'enseignant d'après ces propositions, après rectification des propositions inexactes ou incomplètes. Les élèves observent et décrivent le dessin obtenu.
b. Principaux éléments de réponses attendus ou/et possibles :
L'échiquier est un carré. Il est quadrillé (//grille). Son quadrillage est régulier [cases de même dimension] Il a huit colonnes. Il a huit rangées. Il a 64 cases. (32 claires, 32 foncées) Tout autour de l'échiquier, il y a des lettres placées sous chaque colonne et des chiffres placées à gauche des rangées. Ces lettres et ces chiffres indiquent les coordonnées des cases. Ils permettent de noter la position des pièces d'une partie ou d'un problème d'échecs.

Les élèves complètent par écrit un petit texte de présentation de l'échiquier qui correspond aux réponses attendues :

L'échiquier est un .... Il a .... colonnes et huit .... Il se compose de .... cases. (32 .... claires, ... cases foncées)

Autour de l' ...., il y a des lettres placées sous chaque .... et des .... placées à gauche des rangées.

2. Phase d'exploration ou/et de réalisation

L'enseignant conserve ou efface l'échiquier au tableau, selon ses objectifs de difficulté car les élèves vont devoir tracer seuls leur propre échiquier aux dimensions requises indiquées -16 cm x 16 cm – Ce gabarit est pratique et relativement simple puisqu'il permet d'obtenir des cases de 2 cm.

On distribue aux élèves la **Fiche élève : Dessiner son échiquier.**

3. Phase d'étape

- Une courte mise en commun rassemblera questions et remarques des élèves. On leur proposera en particulier d'évoquer les difficultés éprouvées et les techniques utilisées dans la réalisation du travail.
- Un échange avec l'enseignant, si nécessaire pour résoudre un problème précis.

4. Phase de conclusion

- Les élèves poursuivent seuls ce travail en autonomie et le mènent à son terme. L'enseignant apporte une aide individualisée aux élèves en difficulté.
- Pas d'évaluation spécifique prévue dans cette séance.

FICHE ENSEIGNANT
séance 1

CONSTRUIRE L'ÉCHIQUIER

SÉANCES 2 et 3

Travail de groupe : ÉDUCATION CIVIQUE

On propose aux élèves le projet de réaliser par deux ou quatre, en autonomie, un échiquier de grande dimension (64 cm x 64 cm). Le travail sera encadré et assisté matériellement par l'enseignant, mais les élèves seront responsabilisés. Ils devront travailler en groupe de manière autonome.

En cours de travail, ils devront :

- Compléter une fiche de réalisation élaborée par l'enseignant pour guider le futur travail de groupe des élèves.
- Cette fiche précisera le matériel et les matériaux à utiliser et indiquera les principales étapes du travail :
  - Mesurer et tracer un carré au gabarit indiqué. - 64 cm x 64 cm -
  - Découper puis coller cases, bandes – rangées et colonnes – selon la technique de réalisation adoptée par le groupe.
  - Colorier l'échiquier.
  - Le lettrer et le chiffrer. On pourra indiquer aux élèves de prévoir une bande de 1 à 2 cm (en plus des 64 cm/64 cm) pour écrire chiffres et lettres autour de l'échiquier.

SÉANCES ULTÉRIEURES

Autre travail de groupe possible

- Fabriquer des panneaux ou/et des affiches murales sur le jeu d'échecs, pour présenter le déplacement des pièces, les principales règles du jeu.
- Concevoir et présenter des exposés au groupe-classe ou à d'autres classes, au sein de l'école, sur le thème des échecs.
- Fabriquer différents matériels utilisables dans l'activité échecs (flèches, ronds, croix, symboles, gabarits…)
- L'utilisation de l'outil informatique pourra être favorisée :
  - Pour l'écriture des textes de règle.
  - Pour l'écriture des légendes.
  - Pour dessiner - ou copier - des pièces de grand format.
  - Pour reproduire, imaginer des diagrammes et positions d'études de parties.
  - Pour insérer des dessins, schémas, tableaux, diagrammes sur les échecs.

Dans tous les cas, le travail en décloisonnement avec d'autres classes pourra être encouragé. Chaque enseignant mettra en place ces situations de travail en groupe en fonction :

- des besoins et spécificités du groupe-classe.
- du volume horaire accordé à l'activité échecs dans sa progression.
- des objectifs et projets de classe ou/et d'école, en liaison avec les échecs notamment en Arts visuels, Travaux Manuels, Technologie et Éducation Civique.

FICHE ÉLÈVE
séance 1

CONSTRUIRE L'ÉCHIQUIER

1. Dessiner son échiquier

On demande à l'élève :

1. **de tracer** un échiquier carré de 16 cm x 16 cm. Les cases doivent mesurer 2 cm de côté.
2. **de vérifier** ses mesures, à l'aide d'une règle graduée.
3. **d'écrire** les lettres des colonnes (a, b, c, d, e, f, g, h) et les chiffres des rangées (1, 2, 3, 4, 5, 6, 7, 8) de l'échiquier.
4. **de co1orier** les cases de l'échiquier avec deux couleurs (une claire, une sombre) en respectant l'alternance des couleurs, en s'assurant que la case en bas à droite de l'échiquier est claire.

L'enseignant peut proposer ce modèle d'échiquier (avec les rappels de gabarit et les contraintes de coloriage – case blanche en bas à droite) en corrigé ou en cours de réalisation aux élèves qui éprouveraient des difficultés pour obtenir cette construction.

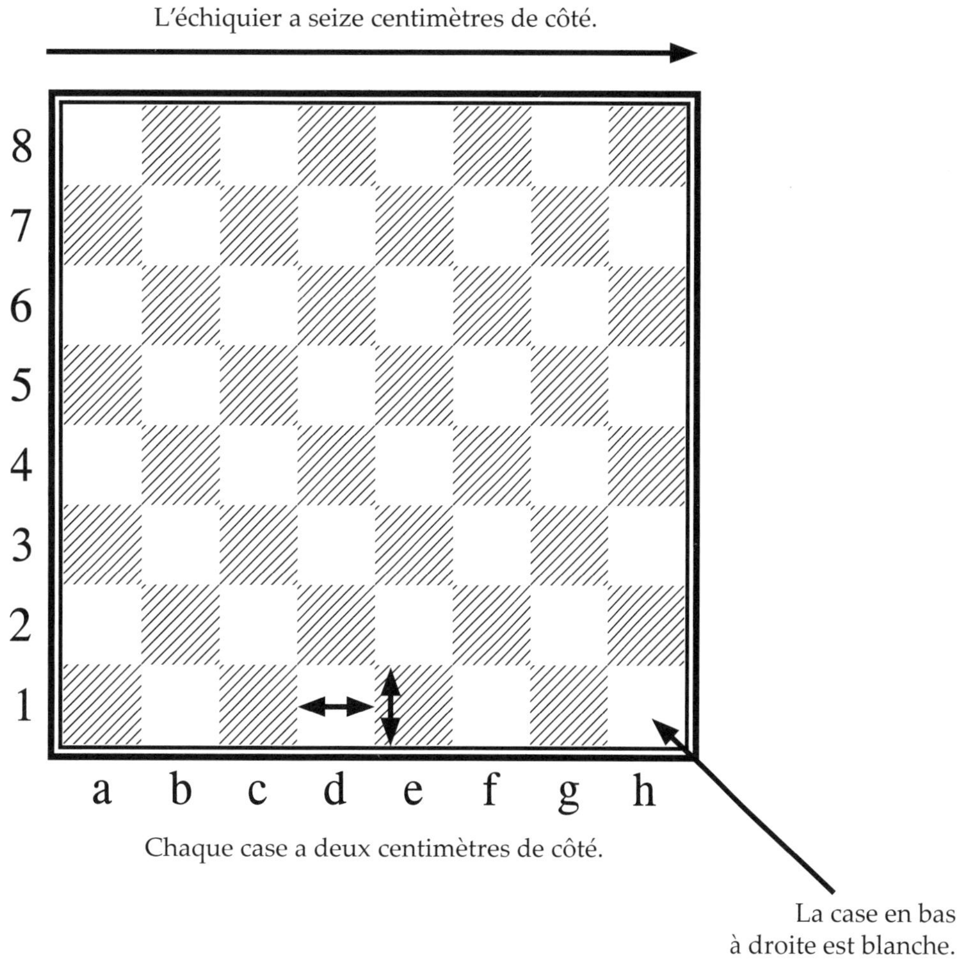

FICHE ÉLÈVE
séance 1

CONSTRUIRE L'ÉCHIQUIER

2. Présenter son échiquier

1. **Complète** ce texte avec les mots suivants :

rangées - huit - carré - échiquier - chiffres - soixante-quatre - colonne - trente-deux - cases

L'échiquier est un .... Il a .... colonnes et huit .... Il se compose de .... cases. (32 .... claires, ... cases foncées)

Autour de l' ...., il y a des lettres placées sous chaque .... et des .... placées à gauche des rangées.

2. **Colle** le texte complété et le dessin de ton échiquier sur une feuille à carreaux grand format (21 cm x 29,7 cm) pour bien présenter ton travail.

3. **Cherche** et colle des images diverses d'échiquiers et de pièces d'échecs, de différentes origines et de différentes époques, sur une deuxième feuille de travail.

4. **Légende** ton travail avec les principales informations sur le sujet.

5. **Effectue ce travail** de recherche supplémentaire.

Cherche des informations sur le damier et réponds aux questions suivantes :

I. Combien de cases a un damier ?
....

II. Combien de rangées et de colonnes constituent un damier ?
....

III. Compose un petit texte simple de présentation du damier sur le modèle du texte de présentation de l'échiquier.
....
....
....
....

COLORIAGE

FICHE ENSEIGNANT
séance 2

LE DÉPLACEMENT DU ROI

A. Organisation de la séance

Durée de la séance

30 à 40 minutes.

Le matériel pédagogique spécifique

Échiquier mural.

Le(s) dispositif(s) pédagogique(s)

L'échiquier mural est placé au tableau, face aux élèves.

B. Objectifs de la séance

1. Les prérequis

Aucun prérequis.

2. Les objectifs pédagogiques

Objectifs généraux

- Appliquer les notions de topologie apprises précédemment.
- Respecter une règle fixe.
- Consolider le repérage des directions de déplacement (haut, bas, gauche, droite) sur un quadrillage.

Objectifs spécifiques

- Apprendre le mode de déplacement du Roi : une case dans n'importe quelle direction.
- Respecter une règle spécifique : les 2 Rois ne peuvent jamais être au contact direct l'un de l'autre. (au moins une case d'écart)
- Apprendre à effectuer une prise avec le Roi.

3. Les compétences à acquérir

Effectuer des déplacements et des prises avec le Roi, conforme à la règle du jeu d'échecs.

FICHE ENSEIGNANT
séance 2

LE DÉPLACEMENT DU ROI

C. Déroulement en 3 phases

Phase de découverte (collective)

Trois situations simples sont proposées ; la durée de cette phase n'excède pas dix minutes.

L'échiquier mural est placé face aux élèves. Les élèves observent les situations proposées par l'enseignant. Ils se déplacent pour proposer des réponses sur l'EM. L'enseignant les incite progressivement à répondre oralement (sans déplacement) pour favoriser l'abstraction et l'expression.

Situation 1 : le Roi occupe une case centrale.

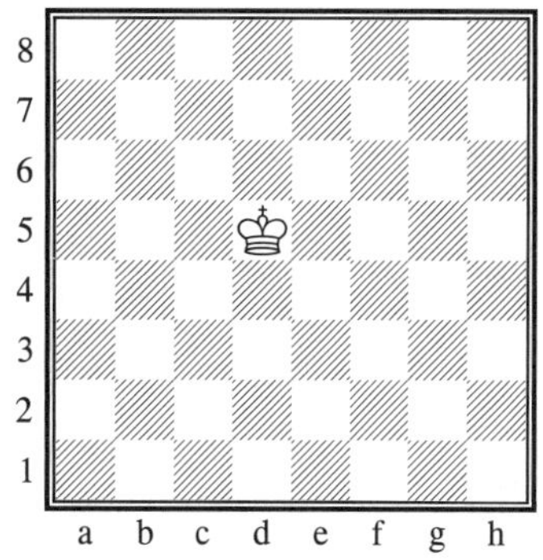

Le Roi blanc est placé en d5. On explique aux élèves qu'il peut se déplacer d'une case dans n'importe quelle direction. Plusieurs consignes possibles, qui peuvent s'enchaîner :

1. Placer un aimant sur chacune des cases accessibles au Roi (d6 e6 e5 e4 d4 c4 c5 c6).
2. Compter et nommer ces cases (8).
3. Écrire (au tableau, sur l'ardoise ou sur une feuille) le nom des cases accessibles au Roi en un coup (d6, e6, e5, e4, d4, c4, c5, c6).

Situation 2 : Le Roi est « à la bande », c'est-à-dire sur un bord de l'échiquier.

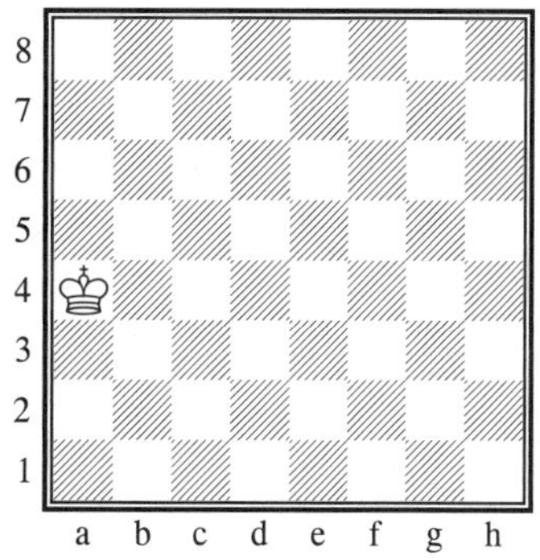

Le Roi blanc est placé en a4. Indiquer les cases accessibles au Roi blanc (a3, a5, b3, b4, b5)

FICHE ENSEIGNANT
séance 2

LE DÉPLACEMENT DU ROI

Situation 3 : Le Roi occupe une case d'angle (angulaire).

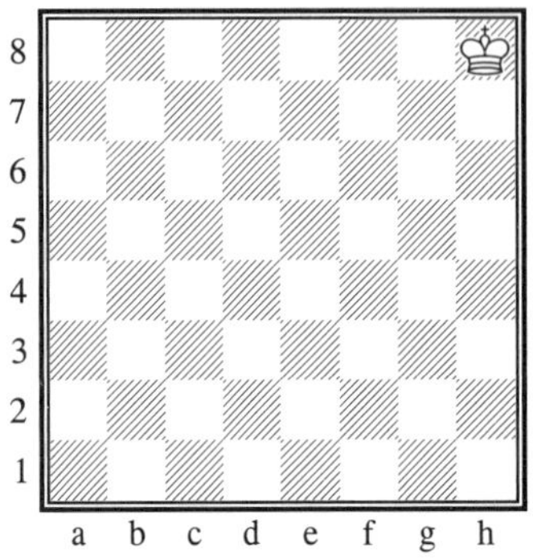

Le Roi blanc est placé en h8. Ses possibilités sont encore plus restreintes (g7, g8, h7). Les écrire sur une feuille, son cahier. Comparer les trois situations (Roi placé sur une case angulaire, à la bande ou centralisé) = Remarquer que le nombre de déplacements possibles du Roi est différent selon sa position de départ.

Phase d'approfondissement

Situation 4 : Les Rois sont « en opposition ».

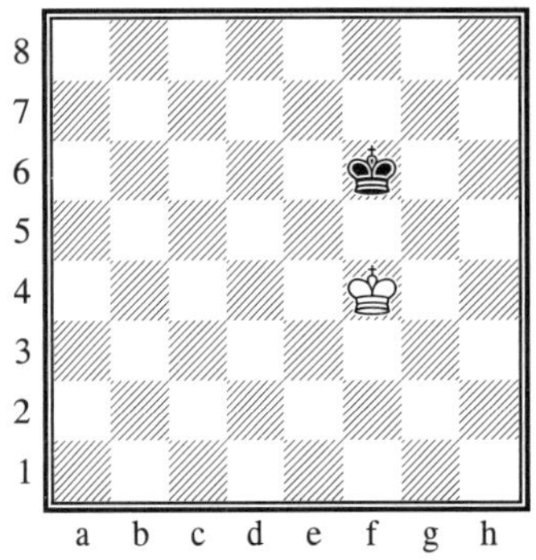

Les deux Rois sont face à face ou en « opposition ». Dans cette situation 4 on introduit une règle spécifique. Il est interdit aux Rois de se trouver au « contact » l'un de l'autre. Au cours d'une partie d'échecs il doit toujours y avoir une case « d'écart » qui sépare les deux Rois. En conséquence, dans la situation 4, les cases e5, f5 et g5 sont interdites aux deux Rois. Les élèves viennent placer un aimant rouge (interdiction) sur les cases interdites aux 2 Rois. Pour vérifier la bonne compréhension de cette règle on propose rapidement d'autres situations dans lesquelles les deux Rois sont face à face mais respectant cette règle spécifique. Par exemple :

FICHE ENSEIGNANT
séance 2

LE DÉPLACEMENT DU ROI

Situation 5

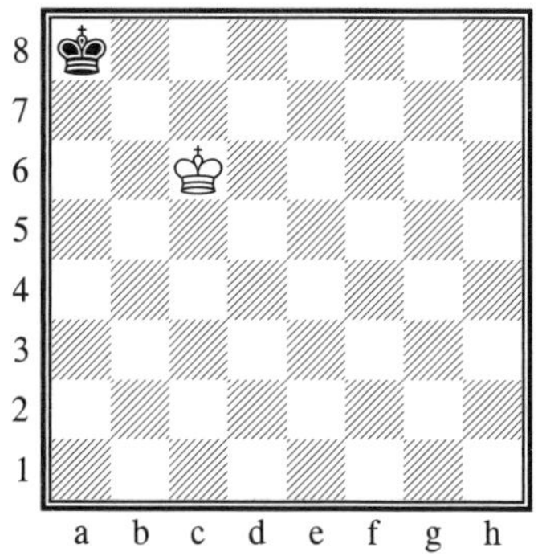

Les élèves viennent placer un aimant rouge (interdiction) sur la case interdite aux 2 Rois et un aimant d'une autre couleur sur les cases autorisées.

Situation 6

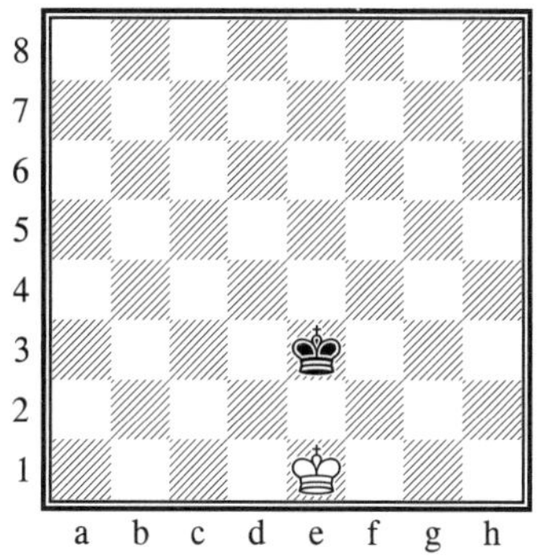

Même consigne. On peut faire remarquer aux élèves que le Roi blanc est très limité dans ses possibilités de déplacement en raison de sa position « à la bande » (en bordure de l'échiquier). On pourra ultérieurement partir de cette position pour faire chercher aux élèves une position de mat avec Dame et Roi ou Tour et Roi contre Roi.

Phase d'étape

À travers quelques exemples simples sur l'EM on montre aux élèves comment s'effectue une prise, aux Échecs. La pièce qui « prend » ou effectue « une prise » (ici le Roi) vient occuper la case de la pièce prise. Le Roi prend comme il se déplace.

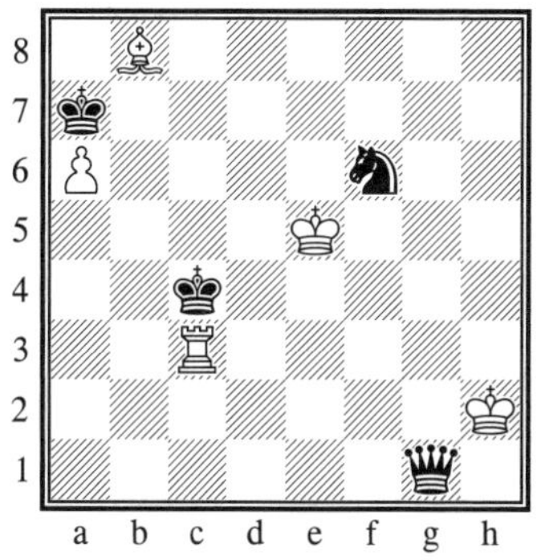

FICHE ÉLÈVE
séance 2

LE DÉPLACEMENT DU ROI

Observe les diagrammes 1, 2, 3.

1. **Dessine un rond bleu** sur chaque case accessible au Roi blanc en un coup.
2. **Dessine un rond noir** sur chaque case accessible au Roi noir en un coup.

Diagramme 1

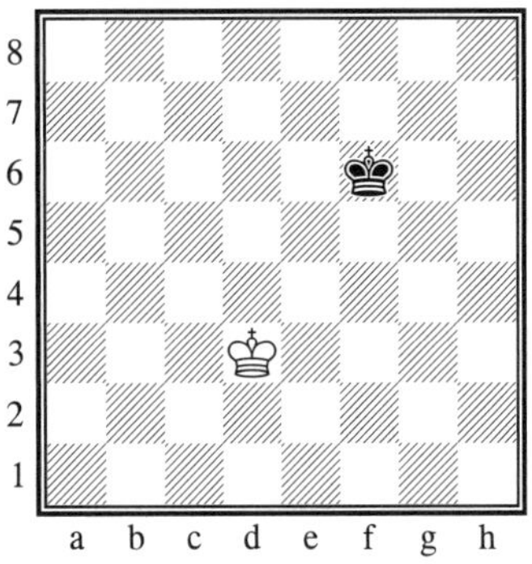

Diagramme 2

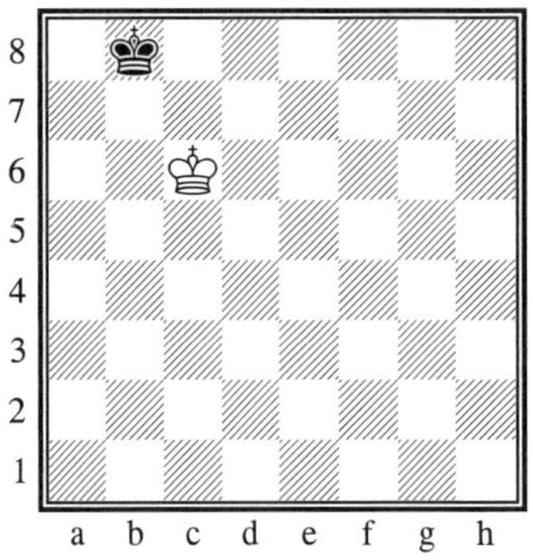

Diagramme 3

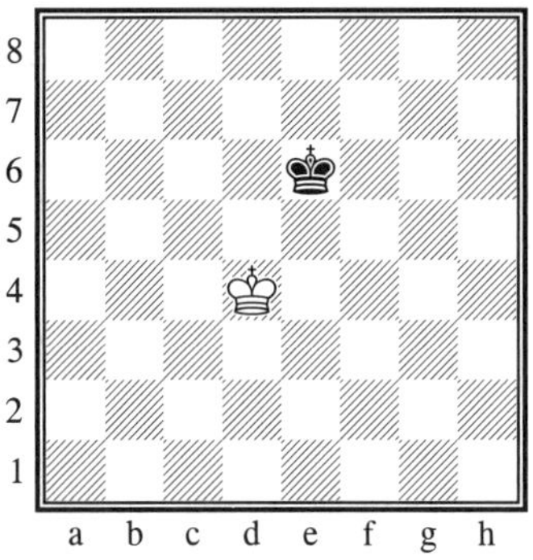

Observe les diagrammes 4, 5, 6.

1. **Indique avec des flèches** un trajet possible du Roi blanc pour atteindre la case marquée d'une croix, en contournant le Roi noir.

2. **Écris ce trajet**, en indiquant les nouvelles coordonnées du Roi blanc après chaque déplacement :

Exemple : diagramme 4
DÉPART : Rd3 > R .... > R .... > R .... > R .... > R .... > R ....
ARRIVÉE : Rh8

Diagramme 4

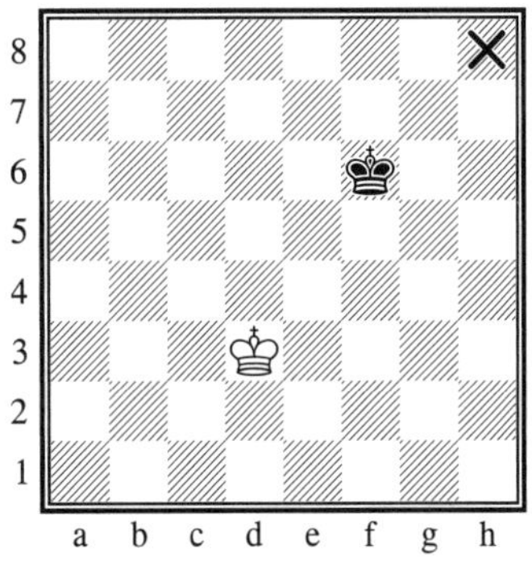

Diagramme 5

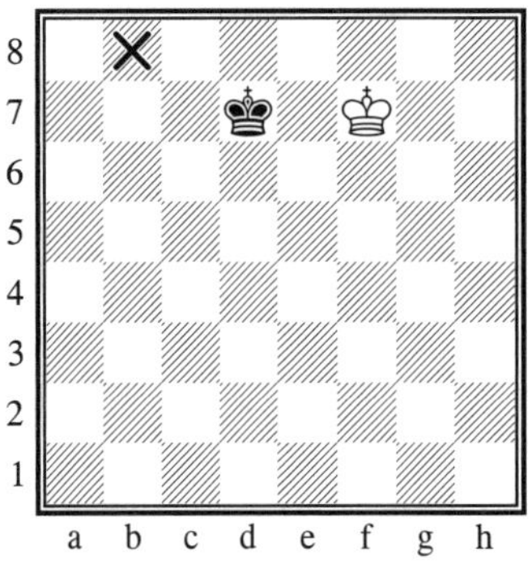

Diagramme 6

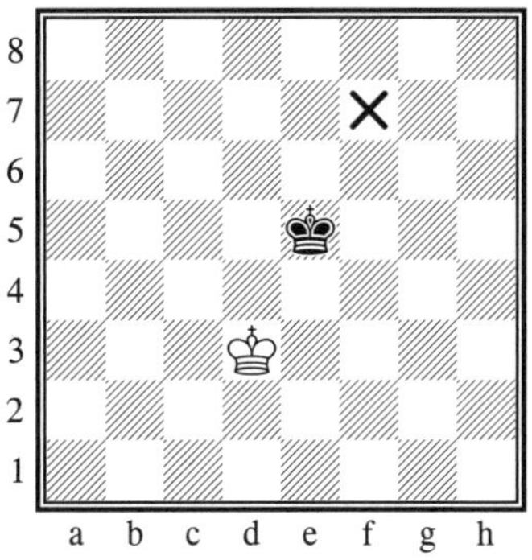

Diagramme 4 :

....

Diagramme 5 :

....

Diagramme 6 :

....

COLORIAGE

FICHE ENSEIGNANT
séance 3

LE DÉPLACEMENT DE LA DAME

A. Organisation de la séance

Durée de la séance

30 à 40 minutes.

Le matériel pédagogique spécifique

Échiquier mural.

Le(s) dispositif(s) pédagogique(s)

L'échiquier mural est placé au tableau, face aux élèves.

B. Objectifs de la séance

1. Les prérequis

Connaître le déplacement du Roi.

2. Les objectifs pédagogiques

Objectifs généraux

- Appliquer les notions de topologie apprises précédemment.
- Respecter une règle fixe.

Objectifs spécifiques

- Apprendre le déplacement de la Dame.
- Comprendre et exploiter la « puissance » de la Dame.

3. Les compétences à acquérir

- Effectuer des déplacements sur l'échiquier selon la règle.
- Apprendre à identifier et différencier un échec au Roi d'un échec au mat.

FICHE ENSEIGNANT
séance 3

LE DÉPLACEMENT DE LA DAME

C. Déroulement en 4 phases

1. Phase de découverte (collective)

3 situations d'une durée de 10 minutes.

L'échiquier mural est placé face aux élèves. Les élèves observent les situations proposées par l'enseignant. Ils se déplacent pour proposer des réponses sur l'EM. L'enseignant les incite progressivement à répondre oralement (sans déplacement) pour favoriser l'abstraction et l'expression.

Situation 1

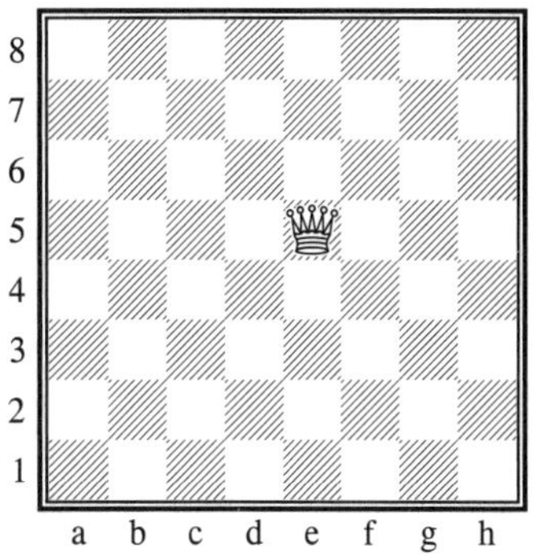

Situation 2

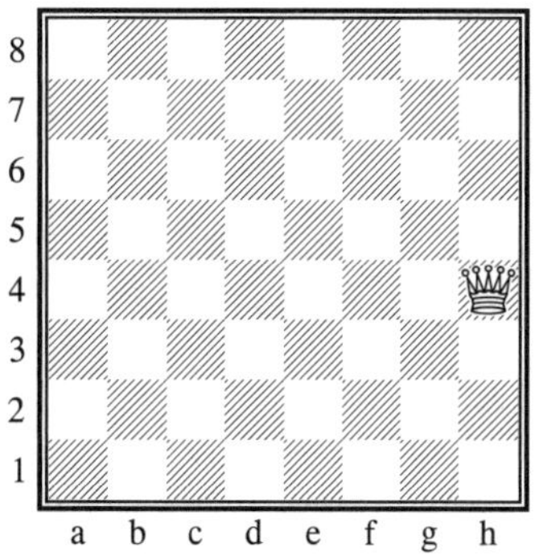

Situation 3

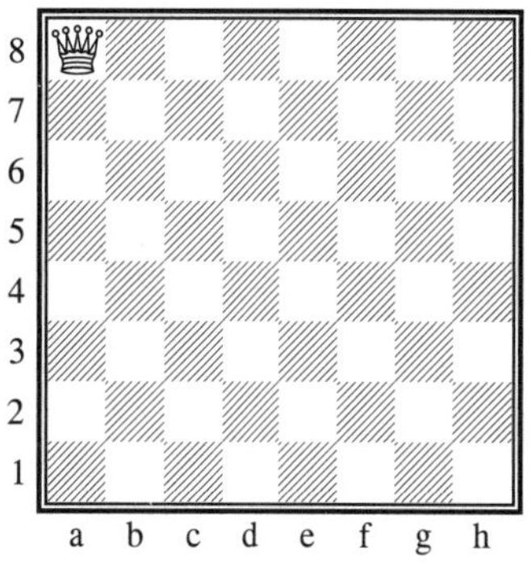

On présente ces 3 situations sur l'EM et on explique aux élèves que la Dame peut se déplacer d'autant de cases libres qu'elle le souhaite dans n'importe quelle direction (horizontalement, verticalement et en diagonale). Plusieurs consignes sont possibles, qui peuvent s'enchaîner : Placer un aimant sur chacune des cases de l'EM accessibles à la Dame. Compter (27) ou/et écrire le nom des cases accessibles est possible mais fastidieux.

Solutions
Situation 1 : e6 e7 e8 e4 e3 e2 e1 f5 g5 h5 d5 c5 b5 a5 f6 g7 h8 d4 c3 b2 a1 d6 c7 b8 f4 g3 h2

Situations 2 et 3 : 21 cases accessibles chacune pour la Dame blanche. Les repérer avec des aimants sur l'échiquier mural.

2. Phase d'approfondissement

Situation 4

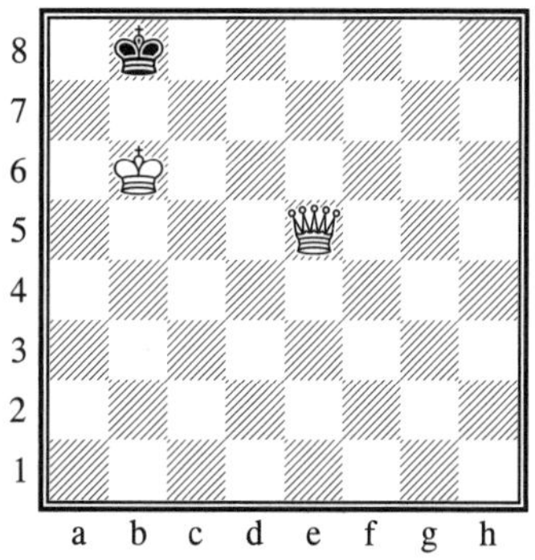

Cette **situation 4** mérite d'être analysée et expliquée en détail pour l'enseignant comme pour l'élève. On commence par placer les 2 Rois sur l'échiquier et faire observer aux élèves que le Roi

FICHE ENSEIGNANT
séance 3

LE DÉPLACEMENT DE LA DAME

noir est « bloqué » à la bande par son homologue et dispose seulement de 2 cases de liberté en a8 et c8. On ajoute alors la Dame blanche en e5. On atteint ainsi la **situation 4** dans laquelle les Noirs sont au trait. On demande aux élèves ce qu'ils pensent de la situation obtenue. On leur fait chercher toutes les possibilités de déplacement de la Dame et observer - s'ils n'en font pas la remarque - que le Roi noir est sur la « trajectoire de déplacement de la Dame blanche » (sur la diagonale h2//b8). Dans cette situation on dit que le Roi noir est mis en échec, c'est-à-dire « attaqué » par la Dame blanche. La règle du jeu l'oblige à se soustraire à l'échec, ici par la fuite. Il ne peut pas prendre la Dame blanche, qui l'attaque « de loin ».
Quelles sont ses possibilités de fuite ? La réponse est : les cases a8 et c8. Sur ces cases, le Roi noir ne serait plus mis en échec.

Situation 5

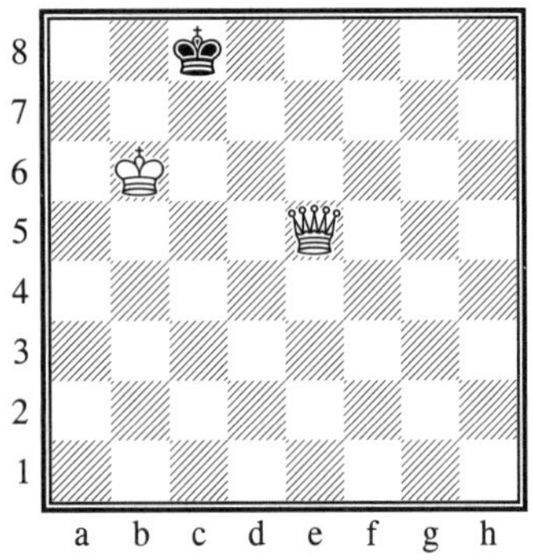

Situation 5 après 1. De8+ mat

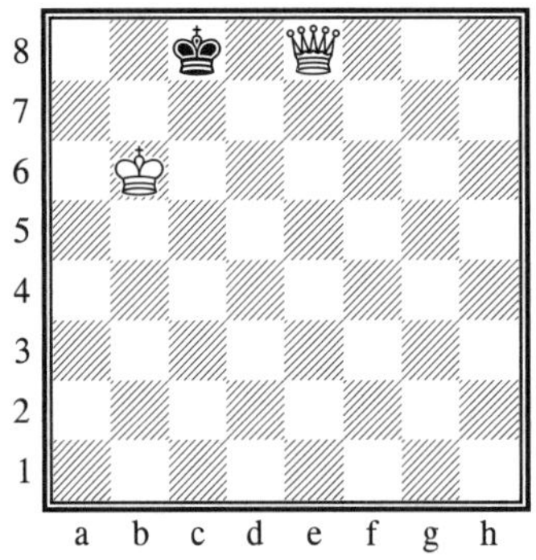

Situation 5 après 1. Dc7+ mat

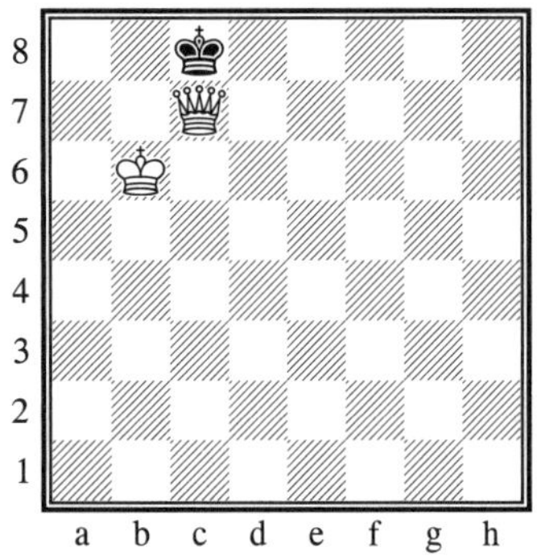

Dans cette **situation 5,** le Roi noir attaqué par la Dame blanche (**situation 4**) a fui en c8. Après...Rc8, c'est donc aux Blancs de jouer. On leur demande de chercher un autre coup de Dame qui mette en échec le Roi noir mais l'empêche aussi de fuir et de se soustraire à l'attaque : 2 coups sont possibles > 1.De8+ et 1. Dc7+.
Sur le coup 1. De8+, La Dame blanche attaque le Roi noir qui ne possède aucune case de fuite, car le Roi blanc participe à son blocage sur la dernière rangée de l'échiquier, lui interdisant la fuite par Rc7 ou Rb7. On dit alors que le Roi noir est échec et mat. La partie est perdue pour les Noirs. L'échec et mat signifie que le Roi attaqué ne peut se soustraire à l'attaque, ce qui entraîne sa prise et la fin de la partie.
Sur l'autre choix blanc, le coup 1. Dc7+, le Roi noir n'a pas de case de fuite. Il ne peut aller ni en b8, ni en d8 car la Dame blanche le capturerait aussitôt et la partie serait terminée. Il ne peut pas non plus capturer la Dame blanche, car elle est protégée par le Roi blanc – si le Roi noir prenait la Dame blanche en c7 il se retrouverait au contact du Roi blanc, or la règle interdit que les deux Rois soient en contact - Le Roi noir est donc échec et mat et la partie perdue pour les Noirs.

FICHE ÉLÈVE
séance 3

LE DÉPLACEMENT DE LA DAME

Observe les diagrammes 1, 2, 3.

1. **Dessine un rond jaune** sur chaque case accessible à la Dame blanche en un coup.
2. **Dessine un rond noir** sur chaque case accessible à la Dame noire en un coup.

Diagramme n° 1

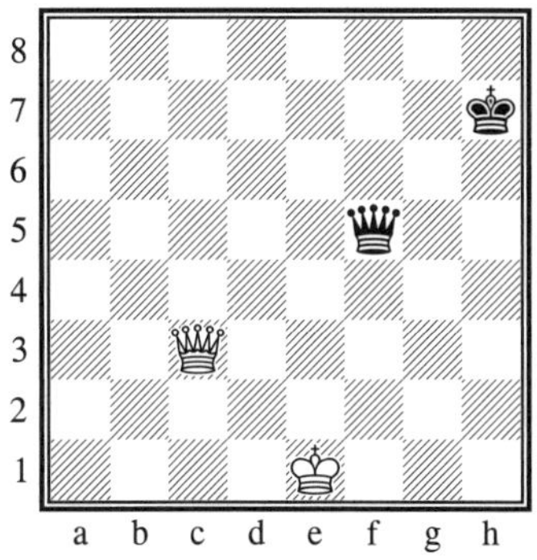

Diagramme n° 2

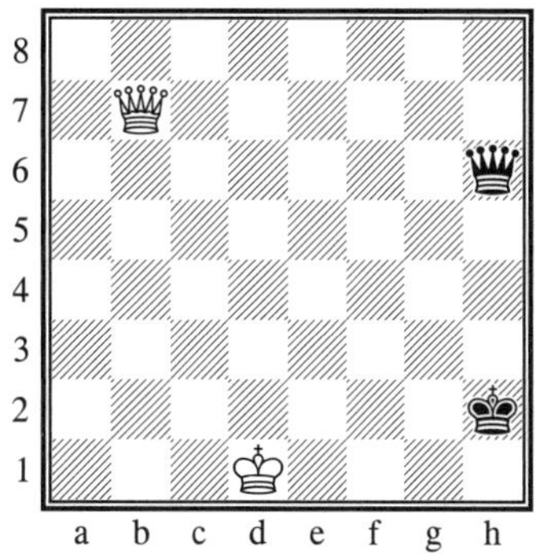

Diagramme n° 3

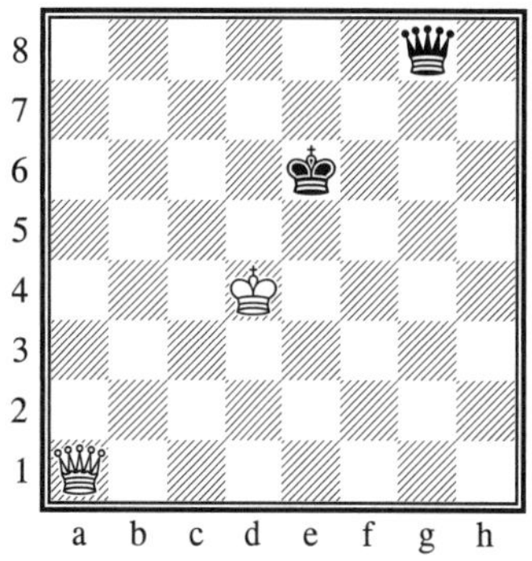

Observe les diagrammes 4, 5, 6.

1. **Dessine une croix bleue** sur chaque case libre où peut jouer la Dame blanche.
2. **Entoure en jaune** les pièces noires que peut capturer la Dame blanche.
3. **Entoure en noir** les pièces blanches que peut capturer la Dame noire.

Diagramme n° 4

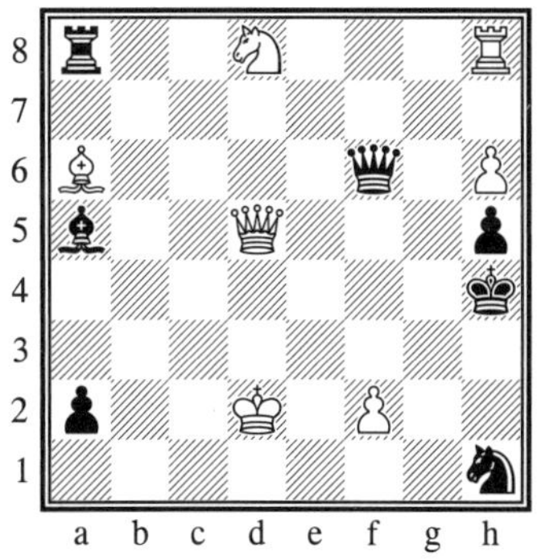

Diagramme n° 5

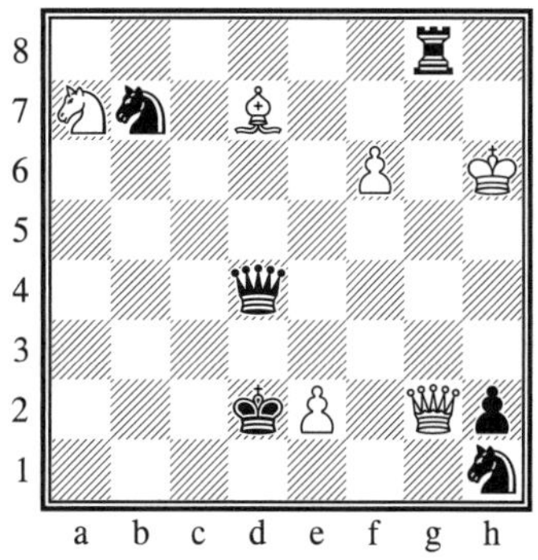

Diagramme n° 6

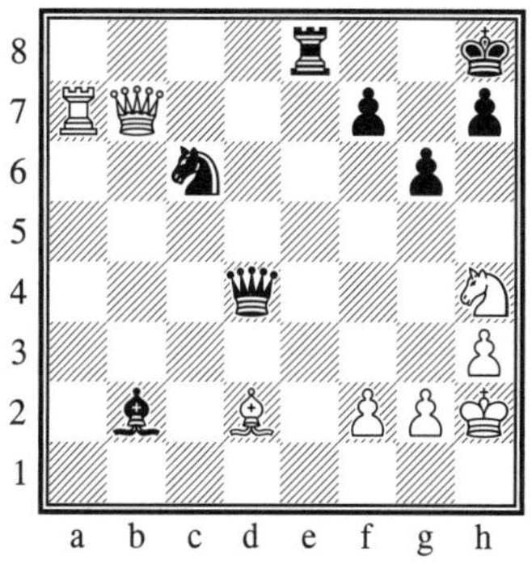

FICHE ENSEIGNANT
séance 4

APPRENDRE À FAIRE ÉCHEC ET MAT AVEC UN MATÉRIEL RÉDUIT : DAME ET ROI CONTRE ROI

Nous étudierons trois méthodes de mat basiques, à savoir 1) Dame + Roi contre Roi, 2) deux Tours + Roi contre Roi et enfin 3) Tour + Roi contre Roi. Il en existe d'autres (Roi + 2 Fous contre Roi, Roi + Fou + Cavalier contre Roi...) qui ne seront pas abordées dans cet ouvrage.

Apprendre aux élèves une méthode efficace pour mater avec un matériel réduit (quelques pièces seulement sur l'échiquier), de part et d'autre, est intéressant à plus d'un titre.

- En disposant d'une méthode qui mène au gain quelle que soit la force de l'adversaire, l'élève prend confiance en lui et prend aussi conscience de ses moyens car il pourra gagner dans des positions similaires, fréquentes en pratique, face à n'importe quel adversaire dès lors qu'il maîtrisera ces techniques de mat.
- Il apprend aussi de cette manière :
  - à structurer sa réflexion, en planifiant les actions qui correspondent aux étapes successives de la méthode de gain.
  - à développer une stratégie de résolution de problème efficace (le problème ici est de mater le Roi adverse contre toute défense)
  - à « gagner » de manière non aléatoire car la méthode est rigoureuse et logique.

1. On distribue aux élèves les 6 diagrammes suivants. On leur demande d'indiquer dans chaque position si le Roi noir est échec et mat ou non, en entourant la bonne réponse. Ils justifieront leurs réponses pendant la correction collective sur l'échiquier mural.

Diagramme n° 1

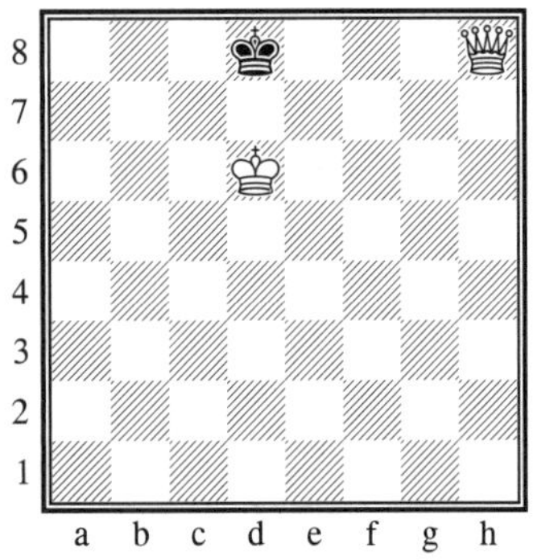

Mat : **OUI - NON**

Diagramme n° 2

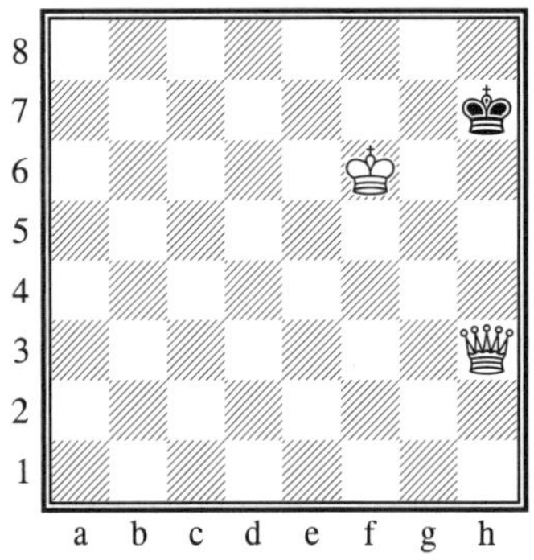

Mat : **OUI - NON**

Diagramme n° 3

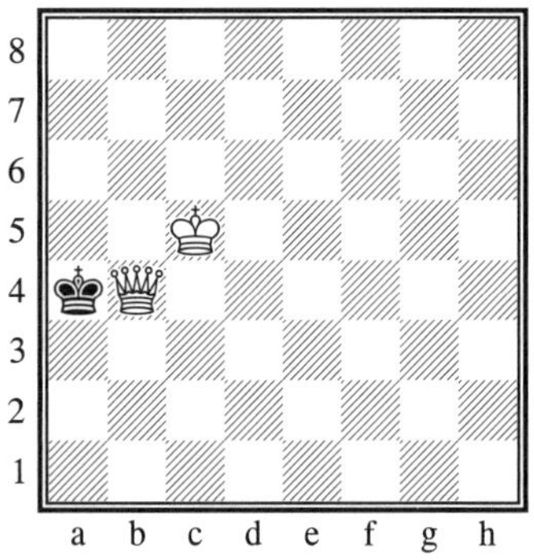

Mat : **OUI - NON**

Diagramme n° 4

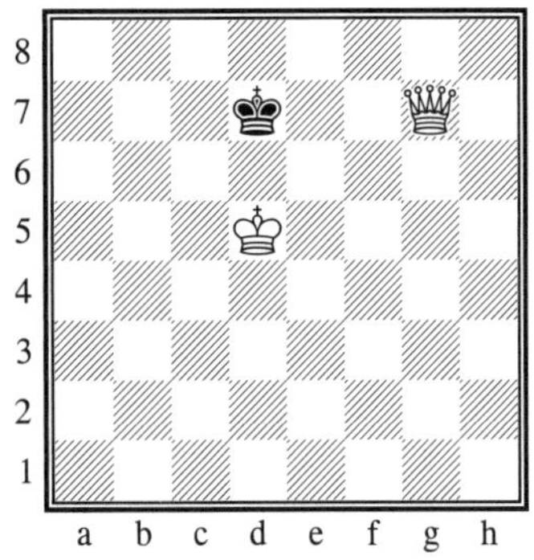

Mat : **OUI - NON**

Diagramme n° 5

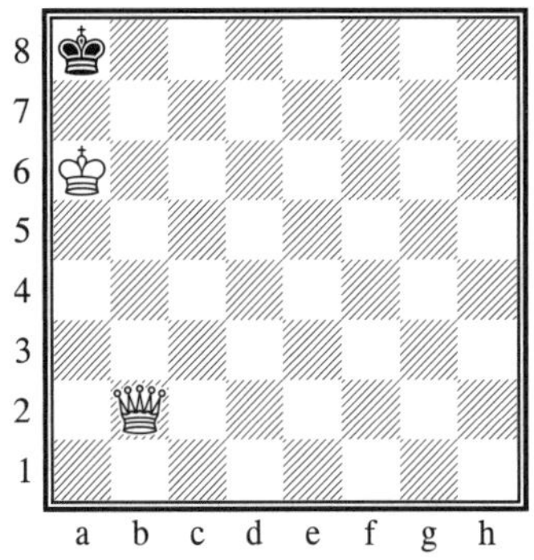

Mat : **OUI - NON**

Diagramme n° 6

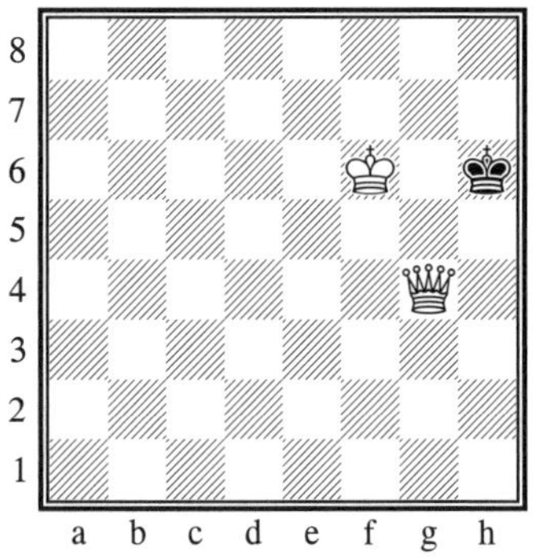

Mat : **OUI - NON**

FICHE ENSEIGNANT
séance 4

APPRENDRE À FAIRE ÉCHEC ET MAT AVEC UN MATÉRIEL RÉDUIT : DAME ET ROI CONTRE ROI

2. On procède à une « correction » rapide à chaud, diagramme par diagramme, sur l'échiquier mural, ce qui présente plusieurs intérêts :

   1. Les élèves sont conduits à s'exprimer et justifier leurs réponses.
   2. On peut vérifier sur l'EM et (in) valider leurs propositions, en proposant des techniques de vérification. (Par exemple un aimant bleu sur les cases accessibles au Roi, un aimant rouge sur les cases qui lui sont interdites)
   3. L'enseignant s'assure ainsi que tous les élèves ont assimilé des concepts de base : échec au Roi, échec et mat, opposition, pat, mais aussi qu'ils raisonnent logiquement.
   4. À partir des réponses des élèves plusieurs remarques peuvent être faites :
      Sur les Diagrammes 1 et 3 le Roi noir est échec et mat. Il ne dispose d'aucune case de fuite, ne peut pas parer l'échec, ni prendre l'attaquant.

Sur le diagramme 4, le Roi noir dispose de trois cases de fuite différente : c8, d8 et e8.

Sur le diagramme 5, il y a une particularité : si c'est aux Noirs de jouer ils sont « pat » et la partie est nulle. La différence entre pat et mat doit être expliquée aux élèves. Alors que l'échec et mat s'obtient en attaquant le Roi adverse, le pat est une situation particulière dans laquelle **le Roi adverse n'est pas attaqué** MAIS l'adversaire ne peut jouer aucun coup de Roi (ou d'une autre pièce) sans exposer son Roi à une attaque. Ici, le Roi noir n'est pas attaqué car il n'est pas en échec dans la position du diagramme 5 et il ne peut pas jouer non plus, d'où cette position de pat.

3. Il est intéressant de comparer les diagrammes 1 et 4. Dans les deux cas les Rois sont face à face, avec une case d'écart. On dit qu'ils sont « en opposition ». Le Roi blanc couvre trois cases qui forment une sorte de bouclier interdisant la fuite vers l'avant du Roi noir.

Sur le diagramme 1, le Roi noir étant placé « à la bande », c'est-à-dire en bordure de l'échiquier ne peut pas non plus reculer. Il est échec et mat.

Sur le diagramme 2, le Roi noir est à la bande et ne peut pas reculer. Il n'est toutefois pas échec et mat car les deux Rois n'étant pas placés en opposition (face à face avec une case d'écart) le Roi noir peut fuir latéralement en g8.

Sur le diagramme 3, le Roi noir est à la bande. Il ne peut donc reculer. Les deux Rois ne sont pas en opposition mais la Dame blanche, protégée par son Roi est « collée » au Roi noir empêchant toute tentative de fuite. Elle donne ainsi échec et mat.

Sur le diagramme 4, le Roi noir ne se trouve pas en bordure de l'échiquier. C'est pourquoi il dispose de trois cases de fuite derrière lui.

EN CONCLUSION, pour donner échec et mat il faut coincer le Roi seul (on dit le « Roi dépouillé ») à la bande avec l'opposition (cas du Diagramme 1) ou dans une position comparable à celle obtenue au diagramme 3, c'est-à-dire avec la Dame collée contre le Roi adverse. On appelle cette position d'échec et mat le « baiser de la mort ».

FICHE ENSEIGNANT
séance 5

LE DÉPLACEMENT ET LA PRISE DU PION

A. Organisation de la séance

Durée de la séance

30 à 40 minutes.

Le matériel pédagogique spécifique

Échiquier mural.

Le(s) dispositif(s) pédagogique(s)

L'échiquier mural est placé au tableau, face aux élèves.

B. Objectifs de la séance

1. Les prérequis

Aucun (la pratique du jeu de Dames peut constituer en revanche un faux prérequis).

2. Les objectifs pédagogiques

Objectifs généraux

- Effectuer des comparaisons dynamiques impliquant à la fois des déplacements et des transformations de pièces (la promotion du pion).
- Déduire logiquement les possibilités de prise et de déplacement d'une pièce d'échecs à partir des informations données, écrites et sur diagrammes.

Objectifs spécifiques

- Connaître et appliquer le mode de déplacement et de prise du pion aux Échecs.

3. Les compétences à acquérir

- Comprendre et assimiler les différentes règles concernant le déplacement, la prise et la promotion du pion
  Le pion se déplace en avançant d'une case libre sur la colonne qu'il occupe. Depuis sa position de départ il peut avancer, au choix, d'une ou de deux cases. Il prend une pièce adverse (capture) en avançant d'une case en diagonale et occupe la place de la pièce capturée.
- Effectuer des déplacements de pions sur l'échiquier selon les règles.
- Effectuer différentes prises avec le pion.

FICHE ENSEIGNANT
séance 5

LE DÉPLACEMENT ET LA PRISE DU PION

C. Déroulement en 4 phases

1. Phase de découverte (collective)

Elle ne doit pas excéder une durée de 10 minutes. Il s'agit à travers quelques situations placées sur l'EM de montrer aux élèves les règles de base pour jouer les pions.

Situation n° 1

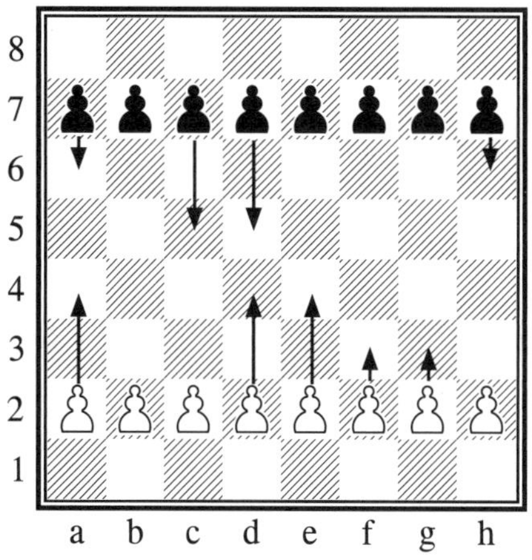

Situation n° 2

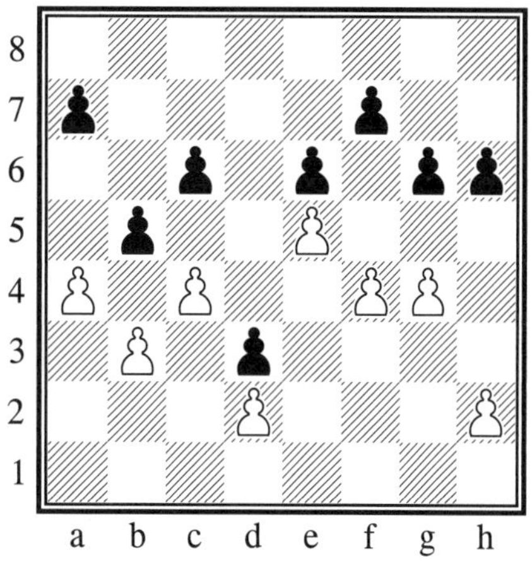

Situation 1 : Les pions peuvent avancer « tout droit » d'une ou deux cases depuis leur position de départ, sur la colonne qu'ils occupent, comme l'indiquent les flèches. L'enseignant place cette position de base et demande aux élèves de proposer et jouer un coup de pion pour chaque camp.

Situation 2 : Les pions prennent en diagonale et occupent la case de la pièce capturée. Quand 2 pions de couleur opposée se trouvent au contact sur une même colonne ils se bloquent mutuellement.

Demander aux élèves :

1. Quels pions blancs et noirs se bloquent mutuellement ?
   Réponse > d2 - d3 et e5 - e6

2. Quels pions blancs et noirs peuvent avancer d'une case ?
   Réponse > pour les Blancs : a4, b3, c4 f4, g4 et h2 peuvent avancer d'une case « tout droit » sur la colonne qu'ils occupent.
   Réponse > pour les Noirs : a7, b5, c6, f7, g6, h6 peuvent avancer d'une case « tout droit » sur la colonne qu'ils occupent.

3. Quels pions blancs et noirs peuvent avancer de deux cases ?
   Réponse > pour les Blancs : h2.
   Réponse > pour les Noirs : a7 et f7.

4. Quels pions blancs et noirs peuvent prendre un pion adverse ?
   Réponse > pour les Blancs : a4 et c4 peuvent prendre le pion b5.
   Réponse > pour les Noirs : b5 peut prendre le pion a4 ou le pion c4.

FICHE ÉLÈVE
séance 5

LE DÉPLACEMENT ET LA PRISE DU PION

2. Phase d'exploration (individuelle ou par 2)

On propose aux élèves deux nouvelles situations de même type que les situations 1 et 2. Ils doivent maintenant placer les situations 3 et 4 sur les échiquiers individuels et y répondre sur 2 diagrammes qui reproduisent ces mêmes situations 3 et 4.

Situation n° 3

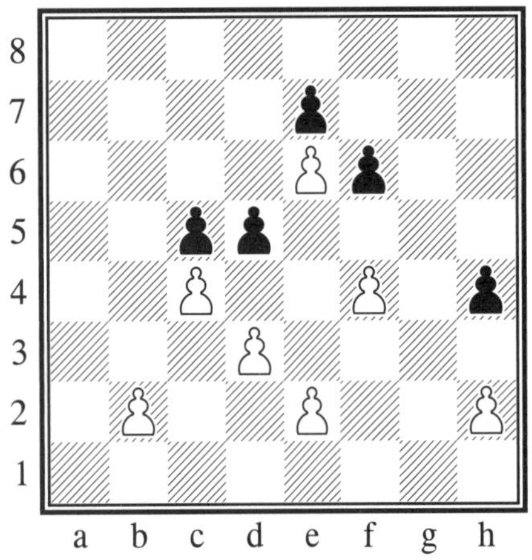

Situation n° 4

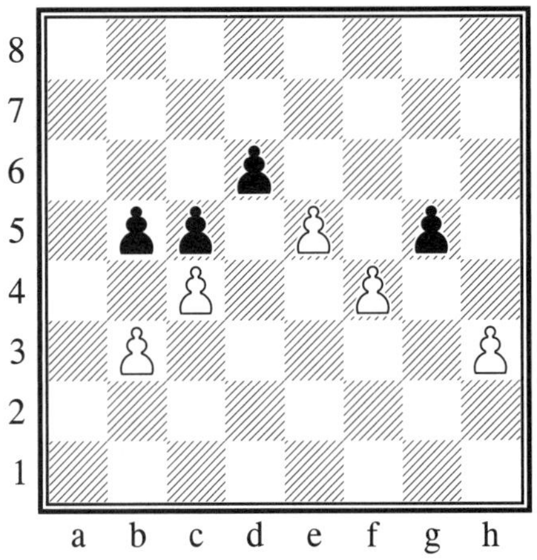

Situation 3

1. Quels pions noirs peuvent avancer d'une case ?

....

2. Quels pions blancs peuvent avancer de deux cases ?

....

Situation 4

3. Quels pions blancs peuvent prendre un pion noir ?

....

4. Quels pions noirs peuvent prendre un pion blanc ?

....

3. Phase d'étape (collective)

On corrige collectivement sur l'EM les réponses proposées par les élèves (qui sont écrites sous leurs diagrammes).

Réponses

Pour la situation 3 :
1. d5 > d4, f6 > f5, h4 > h3
2. b2 > b4, e2 > e4

pour la situation 4 :
3. c4 x b5, e5 x d6, f4 x g5
4. b5 x c4, d6 x e5, g5 x f4

FICHE ÉLÈVE
séance 5

LE DÉPLACEMENT ET LA PRISE DU PION

4. Phase de conclusion

Diagramme n° 3

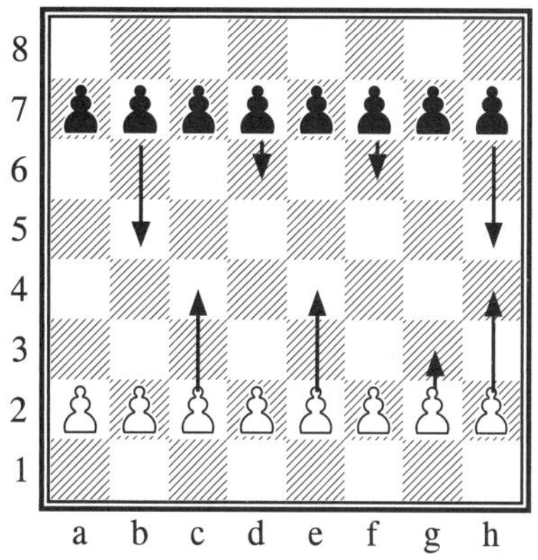

Observe attentivement la position du diagramme 3 :

Nous sommes au début d'une partie. Les deux joueurs possèdent tous leurs pions. Les flèches indiquent les choix des deux joueurs pour jouer quatre de leurs huit pions.

Indique les coordonnées des pions, après déplacement :

Noirs b7 > .... d7 > .... f7 > .... h7 > ....   Blancs c2 > .... e2 > .... g2 > .... h2 > ....

Vérifie tes connaissances en complétant ce texte de règle concernant le déplacement du pion :

Le pion .... tout .... sur la colonne qu'il occupe. Depuis sa .... de départ, un pion peut avancer d'.......... ou .... cases, au choix. Il .... ensuite que d'une seule case à la fois.

Mots à utiliser pour compléter ce texte : - *deux* - *avance* - *case* - *droit* - *une* - *n'avancera* -

Observe la position du diagramme 4 :

Diagramme n° 4

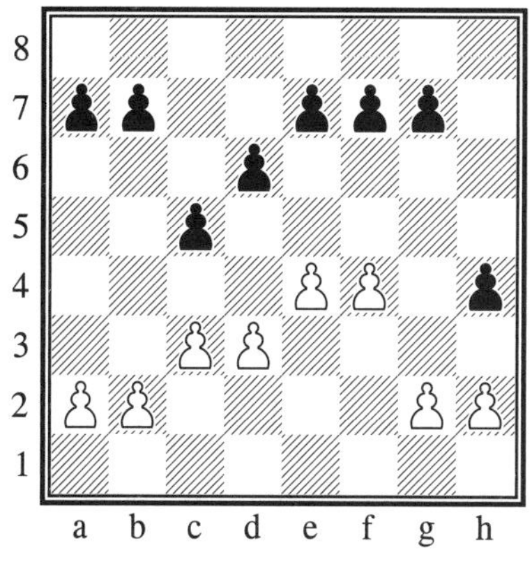

Deux joueurs viennent de commencer une partie. Complète le tableau ci-dessous en écrivant les coups de pions qu'ils ont joués.

Blancs	Noirs
1. f2	1. d7 .....
2. e2	2. c7 .....
3. c2	3. h7 .....
4. d2	4. h4 .....

FICHE ÉLÈVE
séance 5

LE DÉPLACEMENT ET LA PRISE DU PION

Voici le texte de la règle 2 concernant le déplacement du pion :

Règle 2 : Le pion effectue une prise

Le pion effectue une prise (ou capture) en avançant d'une case en diagonale Quand un pion effectue une prise il change donc de colonne. Il occupe alors la case de la pièce qu'il vient de capturer.

....

Dans ces trois positions indique la nouvelle case occupée par le pion blanc après la prise de la pièce adverse :

Position n° 1

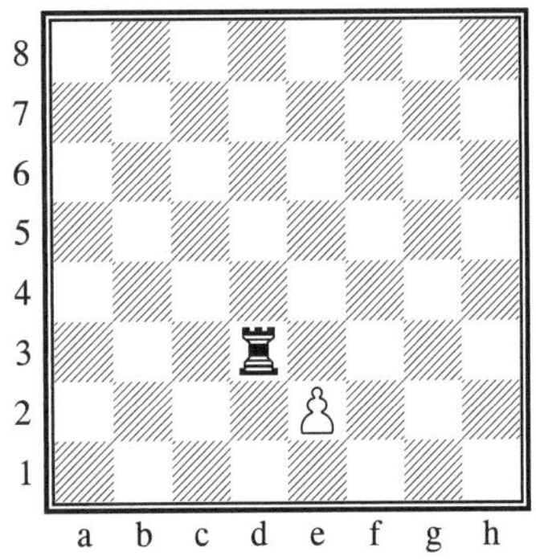

Position n° 2

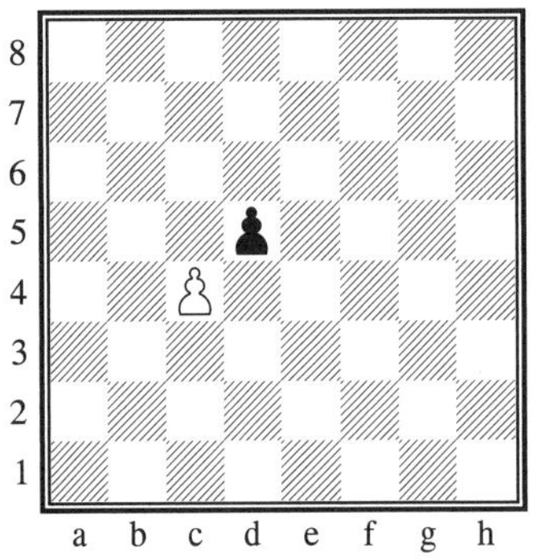

Position n° 3

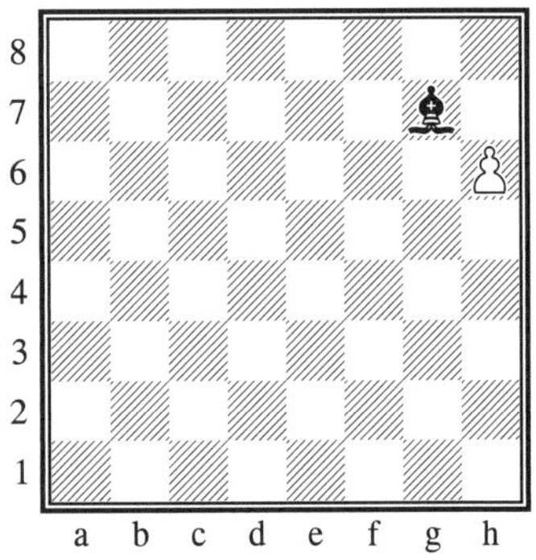

COLORIAGE

FICHE ENSEIGNANT
séance 6

LE DÉPLACEMENT DE LA TOUR

A. Organisation de la séance

Durée de la séance

30 à 40 minutes.

Le matériel pédagogique spécifique

Échiquier mural.

Le(s) dispositif(s) pédagogique(s)

L'échiquier mural est placé au tableau, face aux élèves.

B. Objectifs de la séance

1. Les prérequis

Aucun.

2. Les objectifs pédagogiques

Objectifs généraux

- Renforcer les notions de verticalité et d'horizontalité,
  - en effectuant des déplacements précis et successifs sur quadrillage
- Effectuer un trajet (plusieurs coups) pour atteindre une case arrivée depuis un point de départ déterminé.
  - Être capable de coder et décoder ce trajet
- Développer ses capacités logiques et d'abstraction,
  - en programmant un parcours direct et rapide de la Tour d'un point A à un point B.
  - en anticipant mentalement les déplacements de la Tour sur l'échiquier.
- Écrire sous forme additive les déplacements possibles d'une Tour sur un échiquier vide.

Objectifs spécifiques

- Connaître et appliquer le mode de déplacement de la Tour aux Échecs.

3. Les compétences à acquérir

- Effectuer des déplacements sur l'échiquier
  - selon la règle.
  - de manière logique et non aléatoire, en occupant, contrôlant des cases avec une ou deux Tours.
- Donner échec et mat avec deux Tours (mat de l'escalier)
- Donner échec et mat avec une Tour (mat du couloir)

FICHE ENSEIGNANT
séance 6

LE DÉPLACEMENT DE LA TOUR

C. Déroulement de la séance en deux phases

1. Phase de découverte (collective)

3 situations d'une durée de 10 minutes
L'échiquier mural est placé face aux élèves. Les élèves observent les situations proposées par l'enseignant. Ils se déplacent pour proposer des réponses sur l'EM. L'enseignant les incite progressivement à répondre oralement (sans déplacement) pour favoriser l'abstraction et l'expression.

Position n° 1

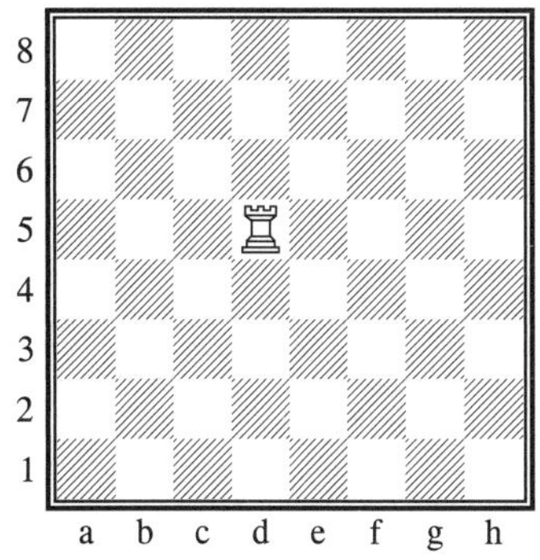

Position n° 2

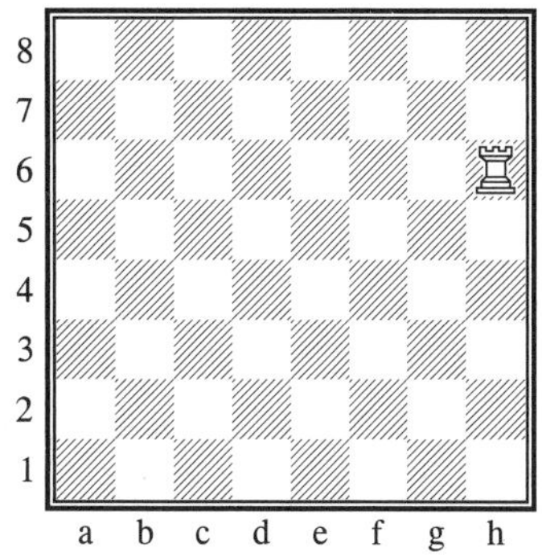

Position n° 3

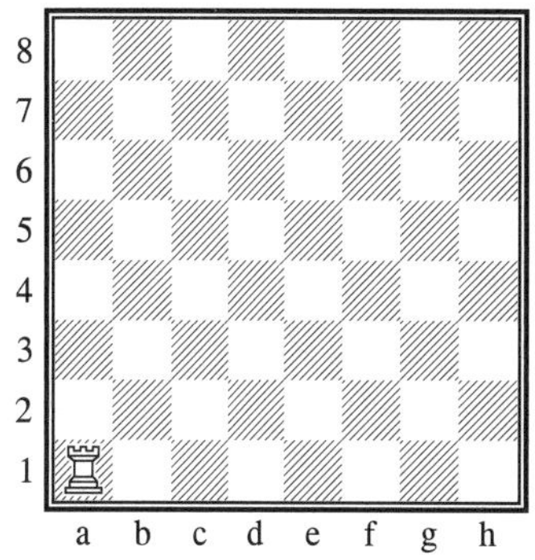

Consignes possibles :
On présente ces 3 situations sur l'EM et on explique aux élèves que la Tour se déplace d'autant de cases libres qu'elle le souhaite dans n'importe quelle direction (horizontalement et verticalement).

1. Compter le nombre de cases accessibles à la Tour depuis chaque position : situation 1 Td5 (4 + 4) + (3 + 3) = 14 ou (4 x 2) + (3 x 2) = 14 ou (4 + 3) x 2 = 14, situation 2 Th6 (7 + 5 + 2 = 14), situation 3 (7 + 7) ou (7 x 2) = 14
2. Établir la liste de ces cases [a5, b5, c5, e5, f5, g5, h5, d1, d2, d3, d4, d6, d7, d8].
3. Placer un aimant sur chacune des cases accessibles à la Tour (s1, s2 ou s3)
4. Faire repérer et énoncer les colonnes et rangées accessibles en un coup par la Tour

Remarque : les élèves peuvent observer que la Tour a toujours 14 cases disponibles si l'échiquier est vide, quelle que soit la case qu'elle occupe.

2. Phase d'approfondissement

Position n° 4

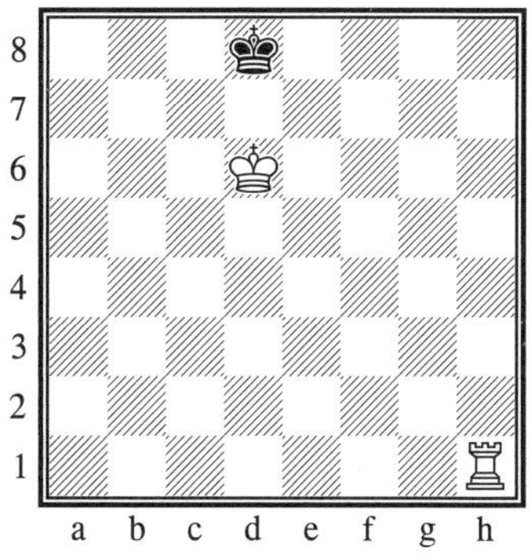

Position n° 5

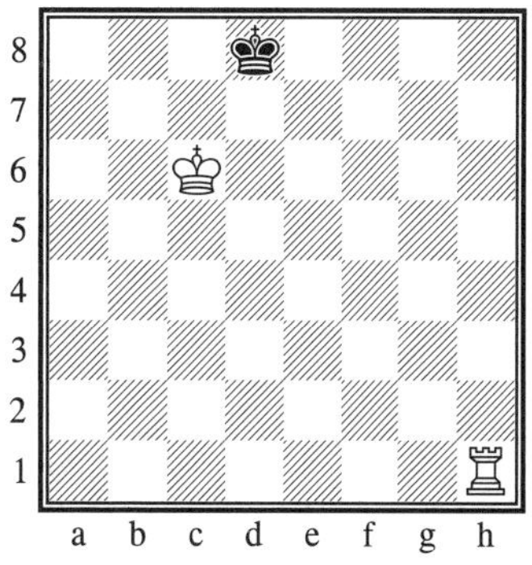

FICHE ENSEIGNANT
séance 6

LE DÉPLACEMENT DE LA TOUR

On place les positions n° 4 et n° 5 sur l'échiquier et on précise que les Blancs sont « au trait ». On demande aux élèves quel est le meilleur coup pour les Blancs dans ces deux positions.
Position 4 : la réponse attendue est Th8 + qui donne échec et mat, gagnant ainsi la partie.
Position 5 : la réponse correcte est Th7 pour bloquer définitivement le Roi noir sur la 8e rangée.

Au trait * : *le joueur «* **au trait** * *» est celui qui va jouer le prochain coup sur l'échiquier.*

On place la **position 5**, dans laquelle les Blancs sont au trait et on demande aux élèves ce qu'ils en pensent : s'ils ne comprennent pas ou ne disent rien on peut leur demander si dans cette situation la Th1 peut donner échec et mat, et, si oui, comment ? La réponse attendue est non car les Noirs disposent d'une case de fuite :
Après le coup blanc 1.Th8+, le coup noir 1… Re7 permet de fuir l'échec et d'éviter le mat.
D'où vient la différence ? Du fait que les deux Rois ne sont pas placés en opposition, c'est-à-dire en vis à vis. Pour cette raison, le Roi blanc ne bloque pas entièrement son adversaire qui dispose d'une case de fuite latérale !

On peut montrer aux élèves la dernière phase de la méthode pour mater le Roi noir :

1. Si le Roi noir joue en c8 « en opposition » (face au Roi blanc) on donne échec et mat sur la 8e rangée.
2. Si le Roi noir joue en e8 le Roi blanc va le poursuivre latéralement et le forcer en quelques coups à prendre l'opposition : si 1…Re8, alors 2.Rd6 2…Rf8 3.Re6 3…Rg8 4.Ta7 (pour soustraire la Tour blanche à l'attaque du Roi noir tout en conservant le contrôle de la 7e rangée) 4…Rh8 5. Rf6 5…Rg8 6.Tb7 (un coup dit de « repos ») 6…Rh8 7.Rg6 7…Rg8 (coup forcé) et maintenant 8.Tb8++ échec et mat

FICHE ÉLÈVE
séance 6

LE DÉPLACEMENT DE LA TOUR

1. Trace un rond bleu sur les cases où la Tour blanche a le droit de se déplacer.
2. Trace un rond vert sur les cases où la Tour noire a le droit de se déplacer.

Diagramme n° 1

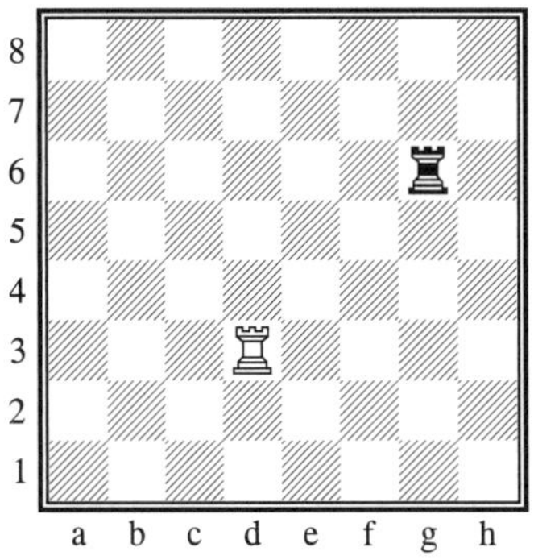

Diagramme n° 2

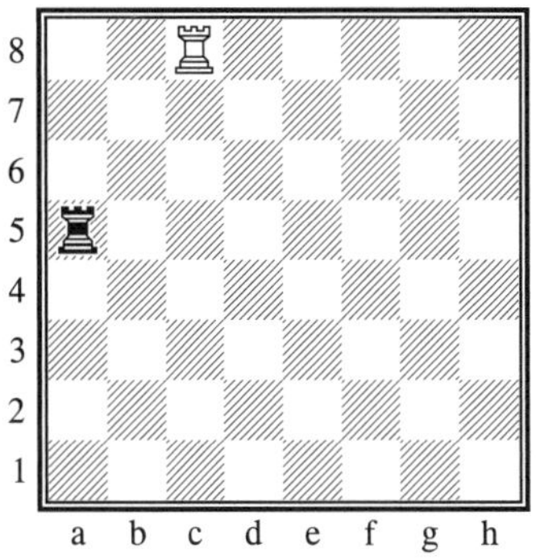

Diagramme n° 3

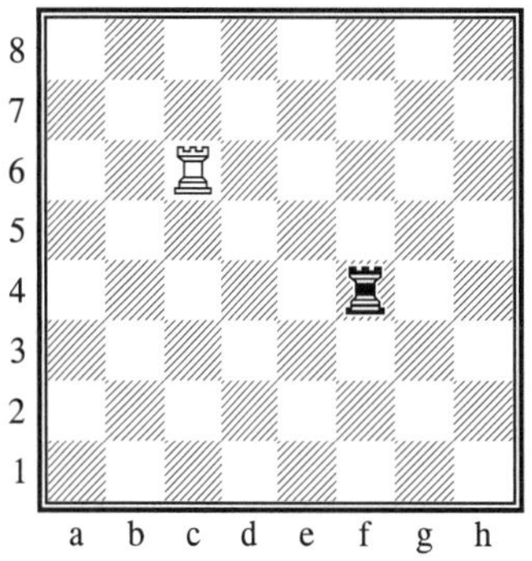

Diagramme n° 4

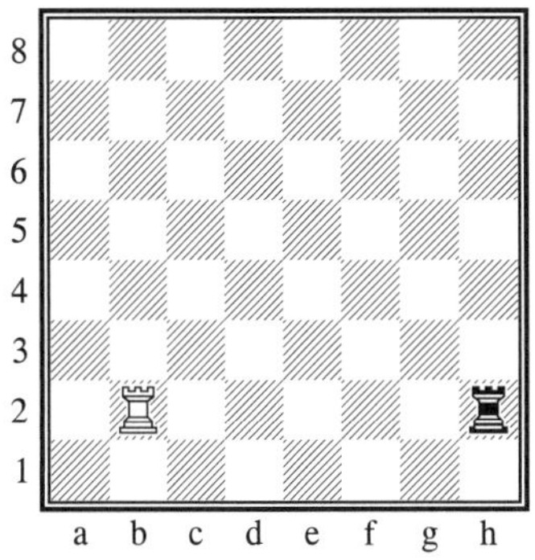

Diagramme n° 5

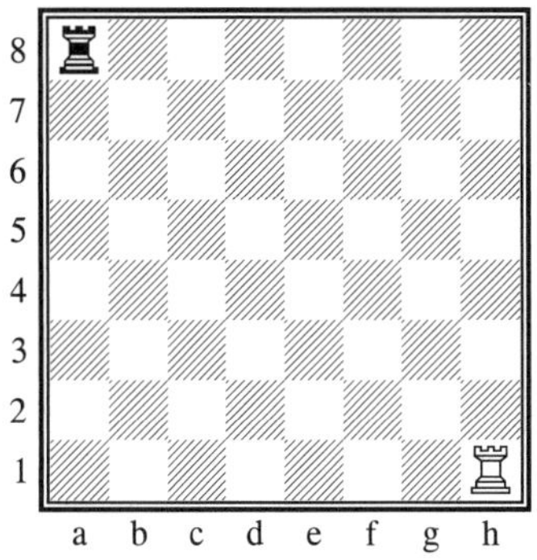

Diagramme n° 6

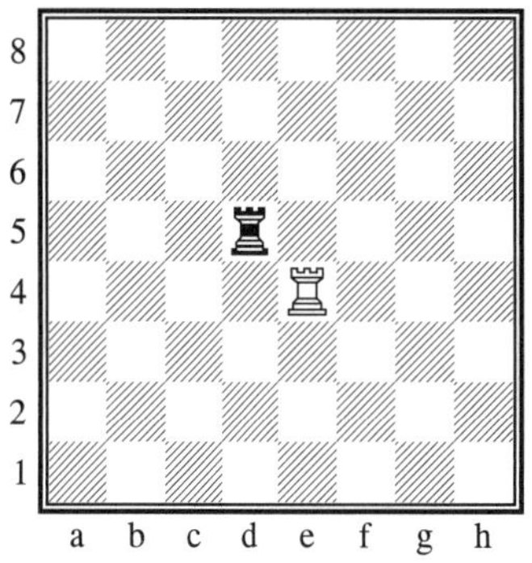

Trace avec des flèches horizontales et verticales un trajet qui permettra à la Tour de rejoindre la case indiquée sous chaque diagramme. Attention les cases marquées d'une croix ne peuvent être traversées.

Diagramme n° 7 (case h6)

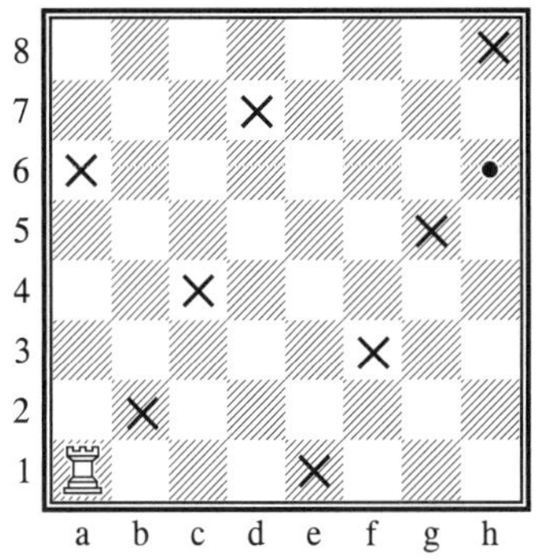

Diagramme n° 8 (case g3)

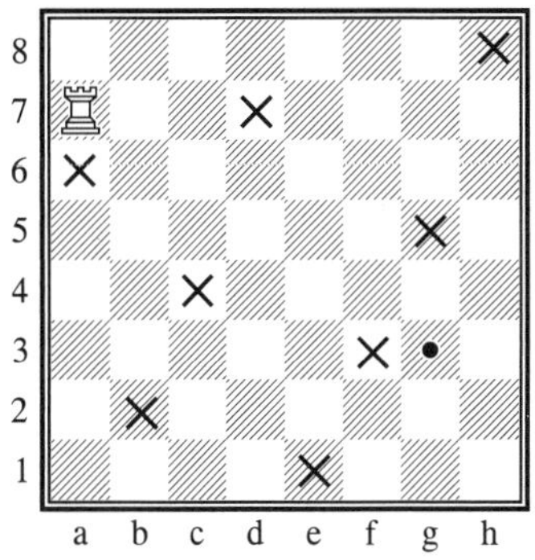

Diagramme n° 9 (case b8)

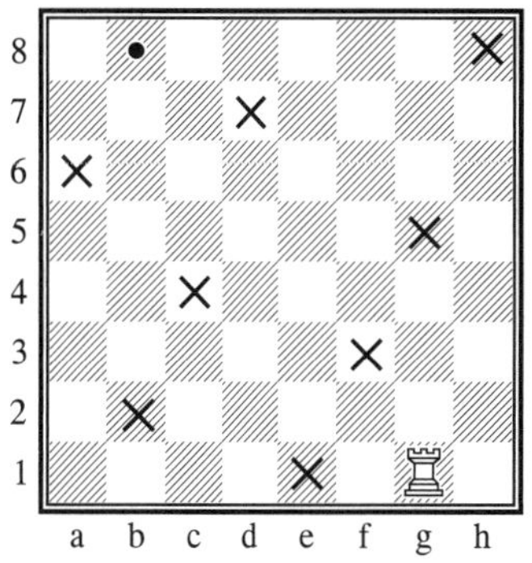

FICHE ENSEIGNANT
séance 7

APPRENDRE UNE TECHNIQUE DE MAT AVEC UN MATÉRIEL RÉDUIT : DEUX TOURS + ROI CONTRE ROI

A. Organisation de la séance

Durée de la séance

30 à 40 minutes.

Le matériel pédagogique spécifique

Échiquier mural.

Le(s) dispositif(s) pédagogique(s)

L'échiquier mural est placé au tableau par l'enseignant. Les élèves sont face au tableau, selon une disposition frontale classique.

B. Objectifs de la séance

1. Les prérequis

Aucun.

2. Les objectifs pédagogiques

Objectifs généraux

- Renforcer les notions de verticalité et d'horizontalité,
  - en effectuant des déplacements horizontaux et verticaux précis et successifs sur quadrillage
- Effectuer des actions logiques, coordonnées et successives selon un plan – une séquence de coups avec des étapes (résultats intermédiaires)
- Mettre en place une technique de résolution efficace et structurée
  - pour atteindre un objectif précis : le mat du Roi adverse.

Objectifs spécifiques

- Depuis une position de départ quelconque mettre en place une technique pour atteindre l'objectif : mater le Roi adverse
  - en programmant une suite de coups directs et précis
  - en anticipant mentalement les déplacements des pièces des deux camps

3. Les compétences à acquérir

- Effectuer des déplacements sur l'échiquier selon la règle.
- Effectuer des déplacements sur l'échiquier selon une logique et non de manière aléatoire.
- Contrôle des cases et mats simples avec une ou deux Tours.

FICHE ENSEIGNANT
séance 7

APPRENDRE UNE TECHNIQUE DE MAT AVEC UN MATÉRIEL RÉDUIT : DEUX TOURS + ROI CONTRE ROI

C. Déroulement en 4 phases

1. Phase de découverte (collective)

Elle ne doit pas excéder une durée de 10 minutes. À travers quelques situations placées sur l'EM on va montrer aux élèves les principes de base pour contraindre le Roi à reculer à la bande à l'aide de 2 Tours qui coopèrent. Mais avant tout on place sur l'EM **une position de mat** dans laquelle les 2 Tours blanches coopèrent en coinçant le Roi attaqué « à la bande », ici sur la 8e rangée. Il est important de faire vérifier aux élèves que le Roi noir n'a aucune case pour s'échapper. La Tour placée en g7 interdit toute fuite sur les cases de la 7e rangée à portée du Roi noir (ici b7, c7, d7). Quant à la Tour en h8 > Th8++ elle vient porter l'attaque finale et met en échec et mat le Roi noir, qui ne peut fuir ni en b8 ni en d8. Désormais les élèves savent quel type de position atteindre : coincer le Roi noir sur une bande de l'échiquier (une bordure) et utiliser leurs deux Tours pour y parvenir.

Position de mat

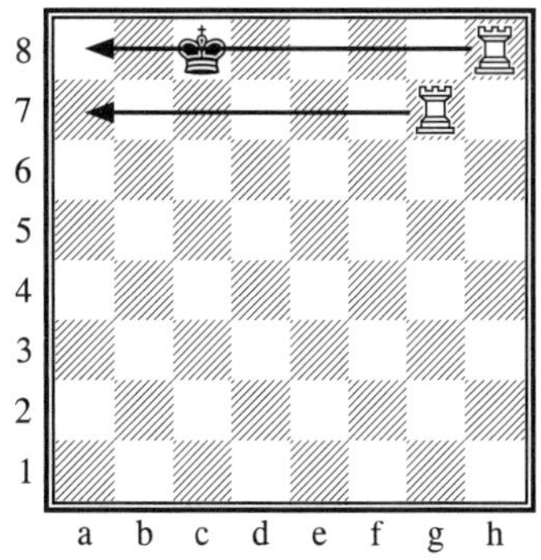

2. Phase d'approfondissement

On propose sur l'échiquier mural un exercice simple. Il s'agit de venir placer les deux Tours blanches dans les **positions 1, 2, 3** sur des cases où elles donnent échec et mat.

Position n° 1

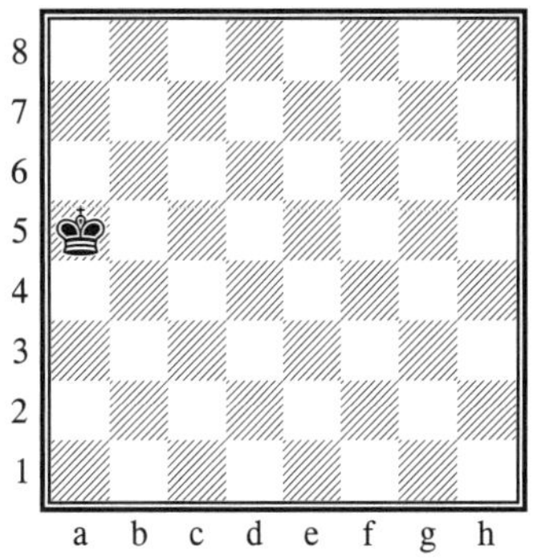

Position n° 2

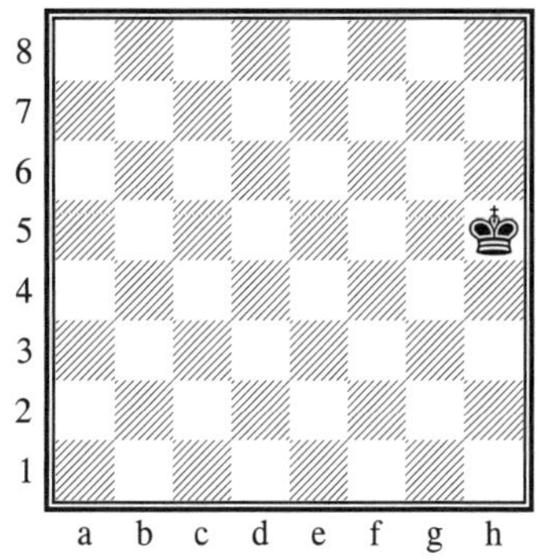

Position n° 3

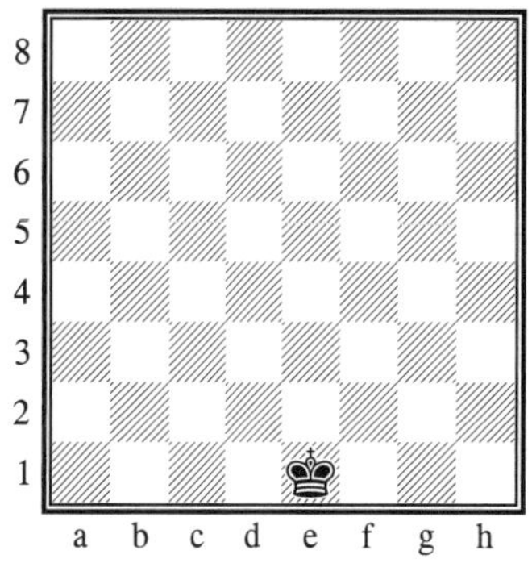

FICHE ENSEIGNANT
séance 7

APPRENDRE UNE TECHNIQUE DE MAT AVEC UN MATÉRIEL RÉDUIT : DEUX TOURS + ROI CONTRE ROI

Trois solutions possibles, à titre d'exemples :

Solution position n° 1

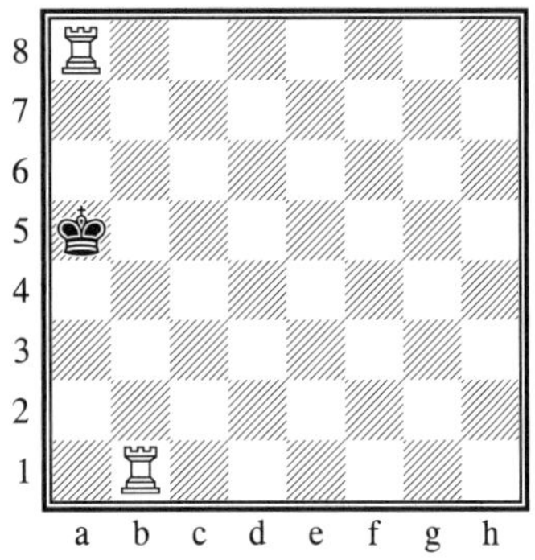

Solution position n° 2

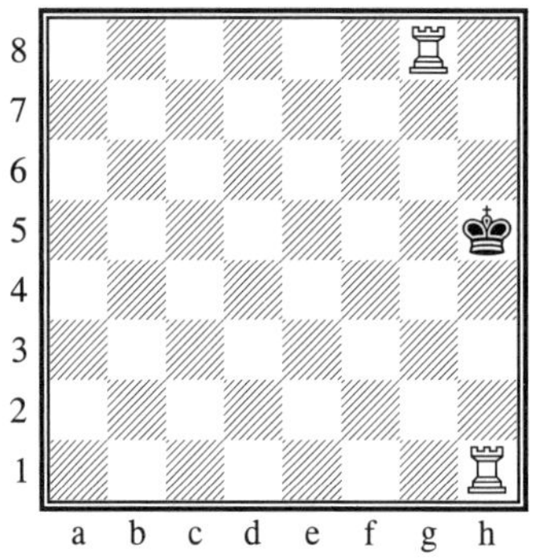

Solution position n° 3

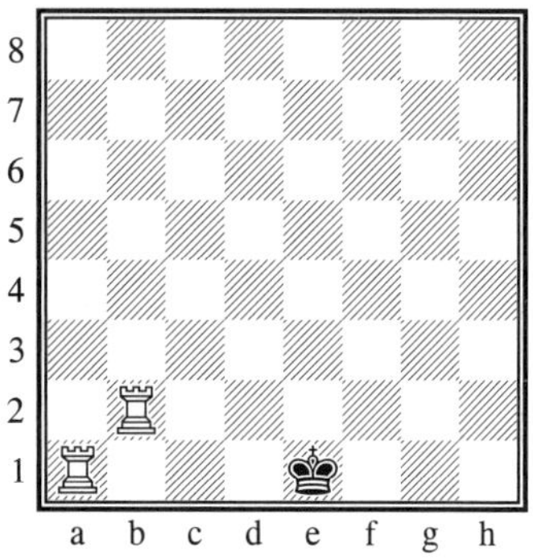

On poursuit la séance en montrant la technique qui va amener le Roi noir « à la bande ».

Diagramme n° 1

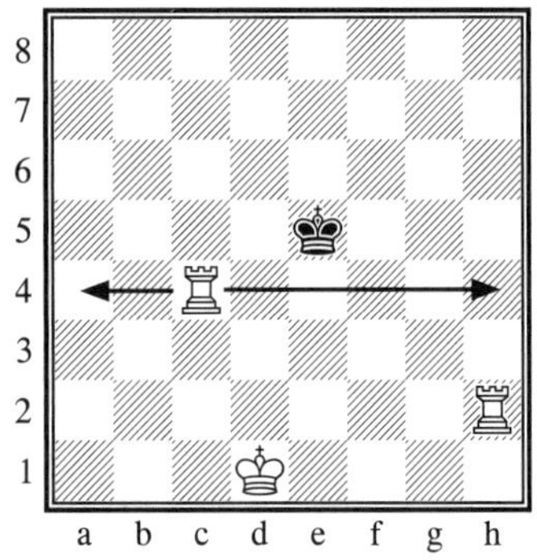

Diagramme n° 2

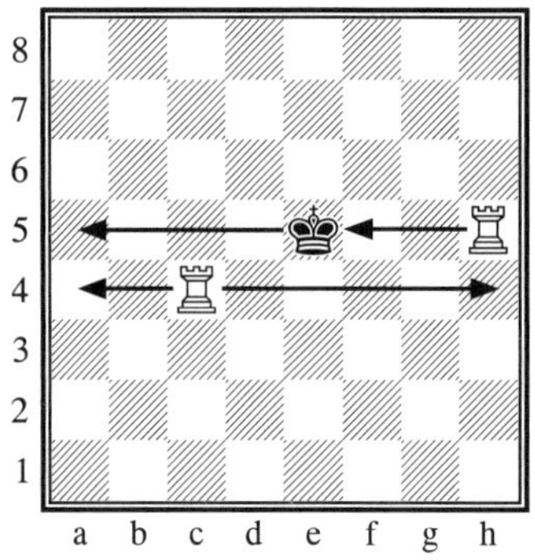

Diagramme n° 3

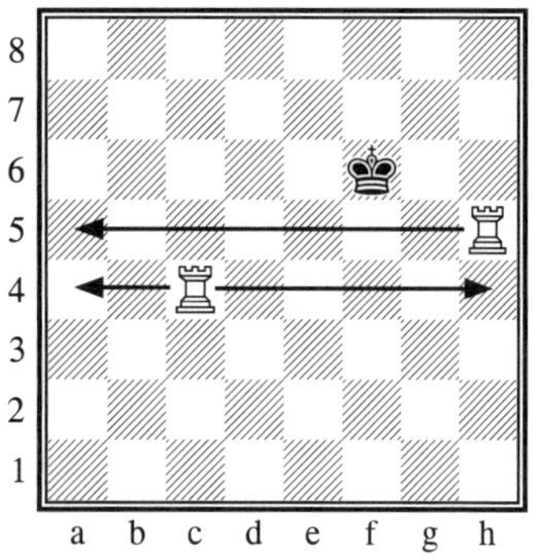

Diagramme 1 : Les Blancs sont au trait. La Tour placée en c4 contrôle déjà la 4e rangée.
Diagramme 2 : Les Blancs jouent leur seconde Tour en h5 et mettent le Roi noir en échec > Th5+. Le Roi noir est contraint de reculer sur une case de la 6e rangée.
Diagramme 3 : Le Roi noir recule sur la 6e rangée > Rf6.
Il est facile de comprendre sur quel principe va fonctionner cette technique de mat : contraindre le Roi noir à reculer ver la 8e rangée pour le coincer « à la bande », c'est-à-dire sur une bordure de l'échiquier pour lui interdire toute possibilité de fuite et donner échec et mat.

FICHE ENSEIGNANT
séance 7

APPRENDRE UNE TECHNIQUE DE MAT AVEC UN MATÉRIEL RÉDUIT : DEUX TOURS + ROI CONTRE ROI

3. Phase d'étape

Question 1 : On demande aux élèves quel pourrait être le coup suivant pour poursuivre cette idée (forcer le Roi noir à reculer vers la 8e rangée). La réponse est simple : les Blancs doivent jouer Tc6+ (**diagramme 4**) pour contraindre le Roi noir à reculer d'une rangée (sur la 7e rangée).
On atteint le **diagramme 5** : le Roi noir se réfugie en g7 > Rg7.

Question 2 : Que doivent jouer les Blancs maintenant ? On voit bien que la Tour placée en c6 ne doit pas être bougée car elle interdit au Roi noir l'accès aux cases de la 6e rangée. C'est donc la Th5 qui aimerait donner échec sur la 7e rangée pour forcer le Roi noir à reculer sur la 8e et dernière rangée mais quel coup jouer avec les Blancs pour y parvenir ?

Diagramme n° 4

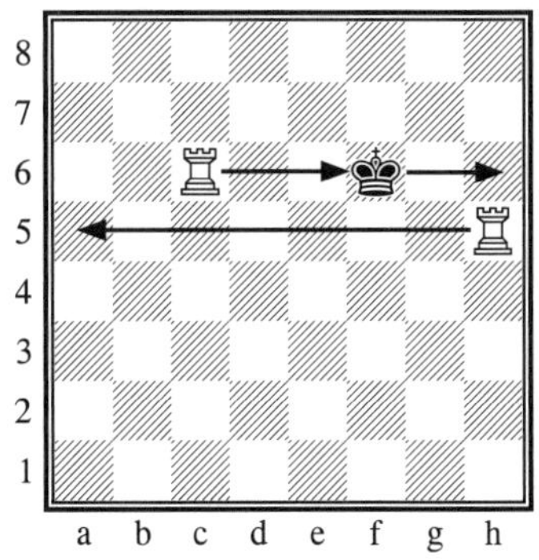

Diagramme n° 5

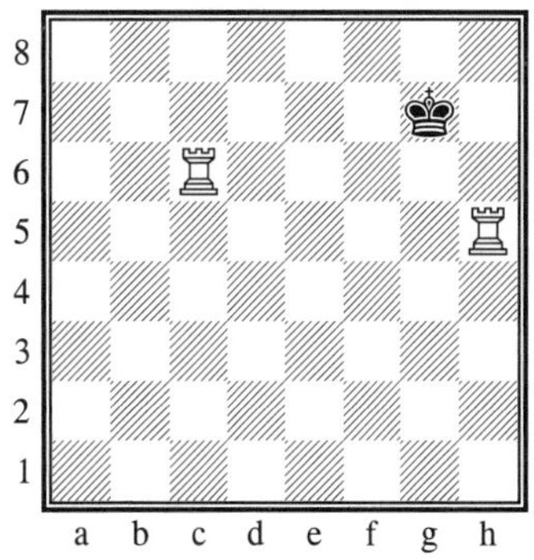

On montre sur l'EM les réponses proposées par les élèves. La réponse Th7+ échoue : les Noirs peuvent simplement prendre la Th7 avec le Roi car elle n'est pas protégée.

On fait réfléchir les élèves : Quelle méthode adopter pour attaquer le Roi sur la 7e rangée sans risque ? La réponse est simple : Il va falloir d'abord l'éloigner le, plus possible du Roi noir (coup d'attente) avant de faire échec au Roi noir sur la 7e rangée. Le bon coup est donc Ta5 suivie après le coup suivant du Roi noir par Ta7 qui prend le contrôle de la 7e rangée et force le Roi noir à aller sur la 8e rangée.

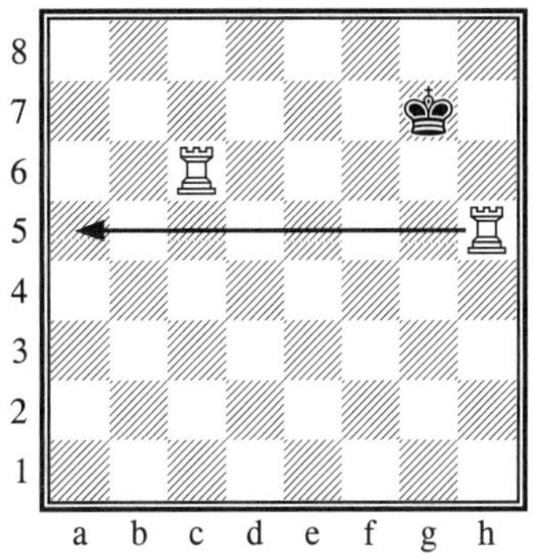

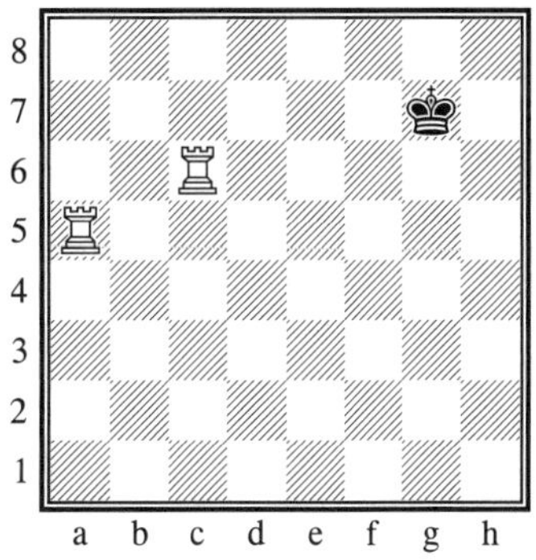

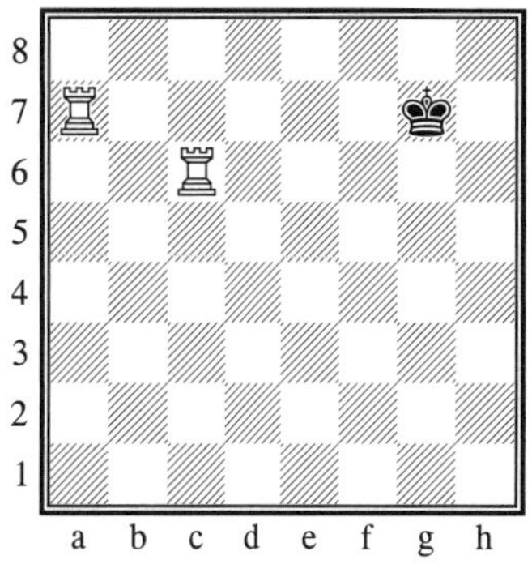

FICHE ENSEIGNANT **séance 7**

APPRENDRE UNE TECHNIQUE DE MAT AVEC UN MATÉRIEL RÉDUIT : DEUX TOURS + ROI CONTRE ROI

4. Phase de conclusion

On propose aux élèves d'indiquer sur les diagrammes suivants si le Roi noir est mat ou non, en entourant la bonne réponse.

Diagramme n° 1

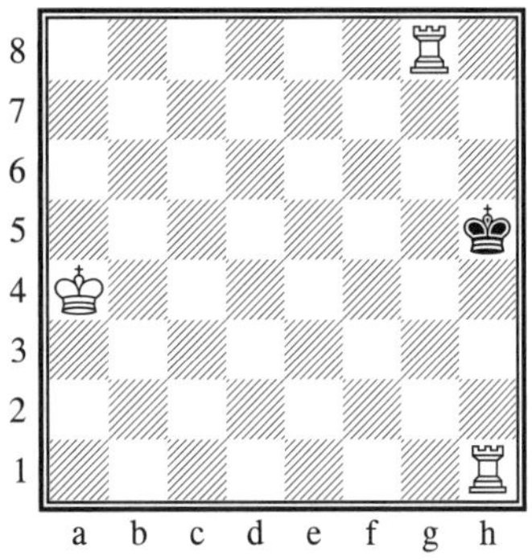

échec et mat : OUI ou NON

Diagramme n° 2

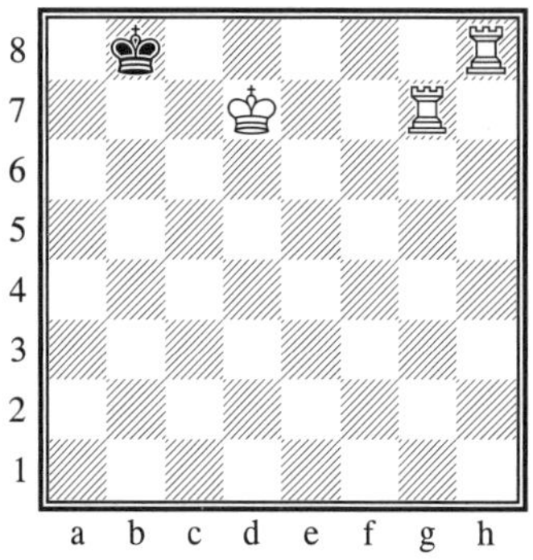

échec et mat : OUI ou NON

Diagramme n° 3

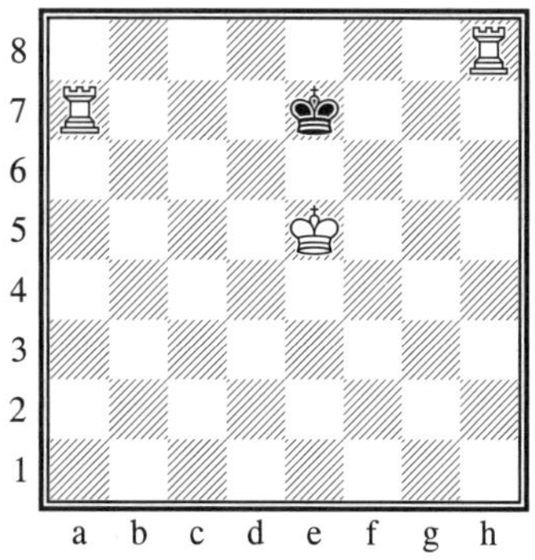

échec et mat : OUI ou NON

Diagramme n° 4

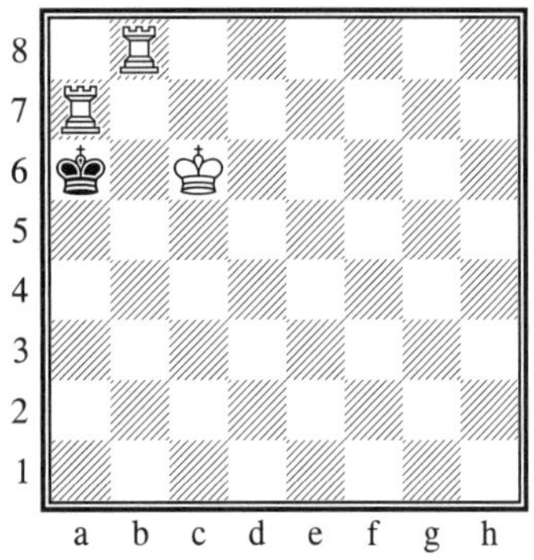

échec et mat : OUI ou NON

Diagramme n° 5

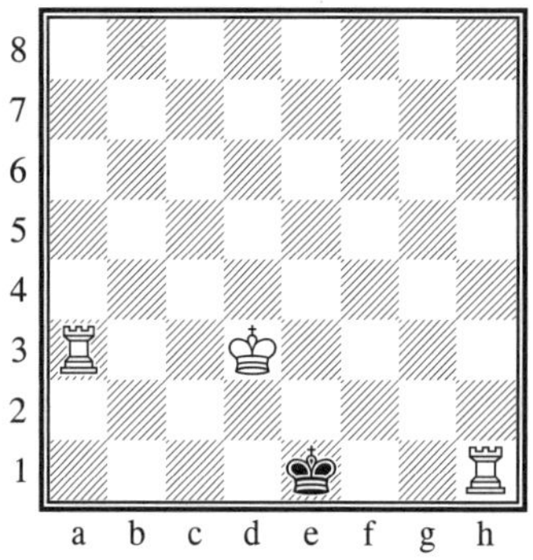

échec et mat : OUI ou NON

Diagramme n° 6

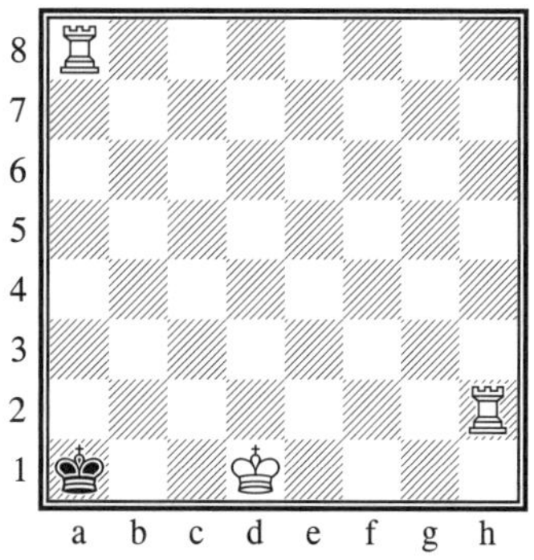

échec et mat : OUI ou NON

On procédera à une « correction » collective rapide des réponses des élèves, diagramme par diagramme, sur l'échiquier mural qui permet de vérifier la validité des propositions. Il est important de proposer aux élèves des techniques de vérification : par exemple un aimant bleu sur les cases accessibles au Roi, un aimant rouge sur les cases qui lui sont interdites. L'enseignant s'assurera ainsi que tous les élèves ont assimilé la différence entre échec au Roi et échec et mat.

FICHE ENSEIGNANT
séance 7

APPRENDRE UNE TECHNIQUE DE MAT AVEC UN MATÉRIEL RÉDUIT : DEUX TOURS + ROI CONTRE ROI

Diagramme n° 1

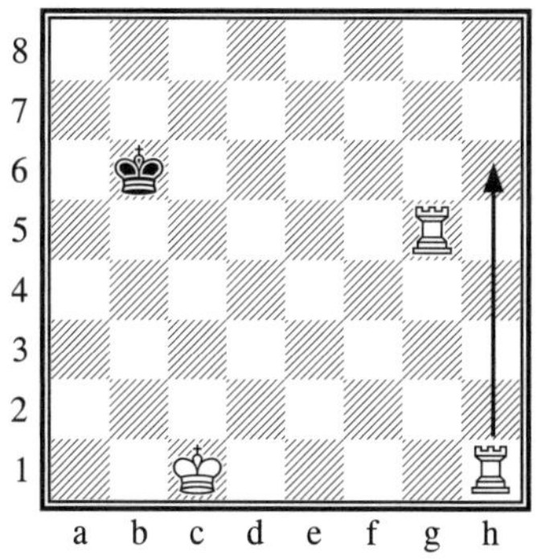

Diagramme n° 2

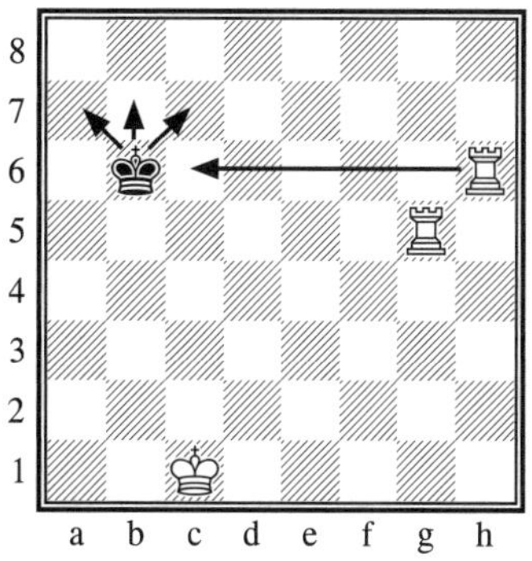

Diagramme n° 3

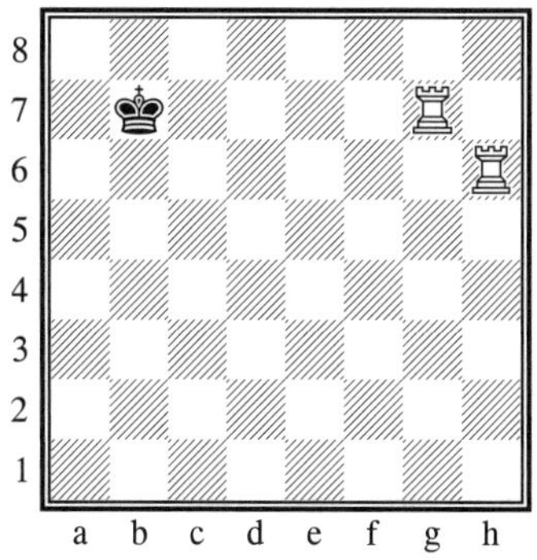

Diagramme n° 4

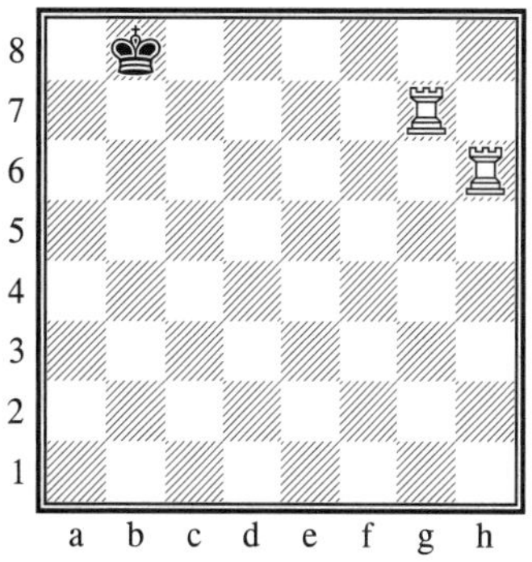

Diagramme n° 5

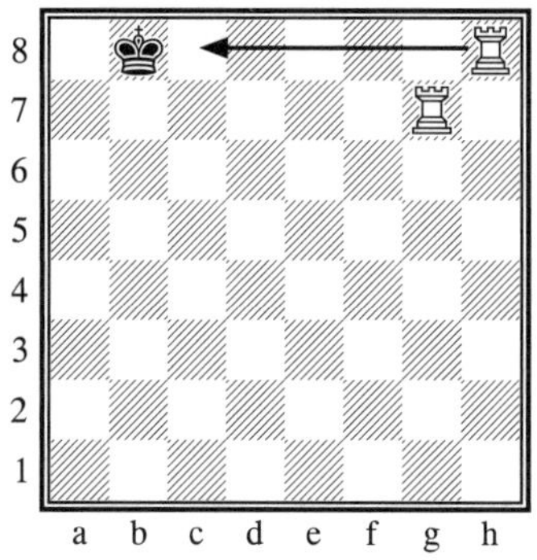

Diagramme n° 6

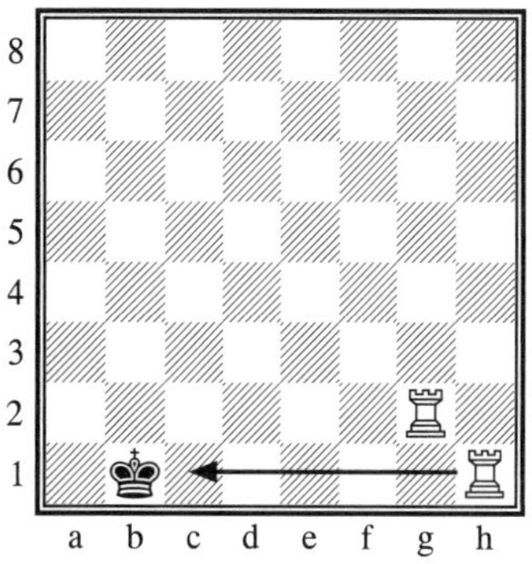

Diagramme n° 7

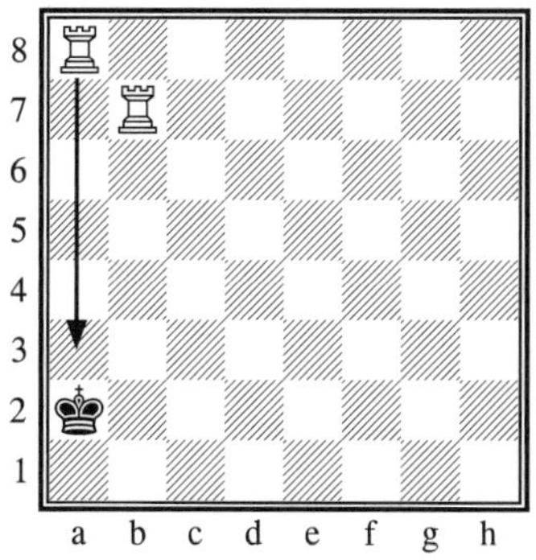

Diagramme n° 8

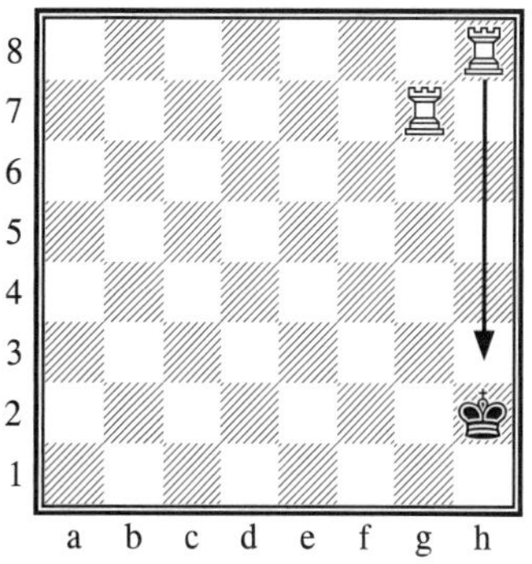

FICHE ÉLÈVE séance 7 — APPRENDRE UNE TECHNIQUE DE MAT AVEC UN MATÉRIEL RÉDUIT : DEUX TOURS + ROI CONTRE ROI

Dans la position des diagrammes suivants, **indique le coup** (Tour, Dame ou Roi) **qui mate avec les Blancs**.

Diagramme n° 1

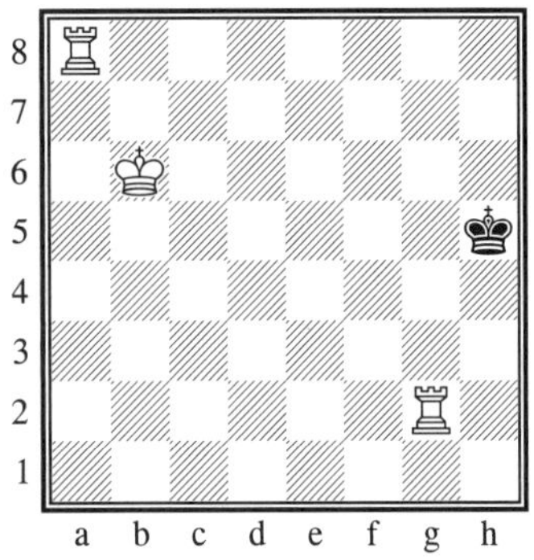

....

Diagramme n° 2

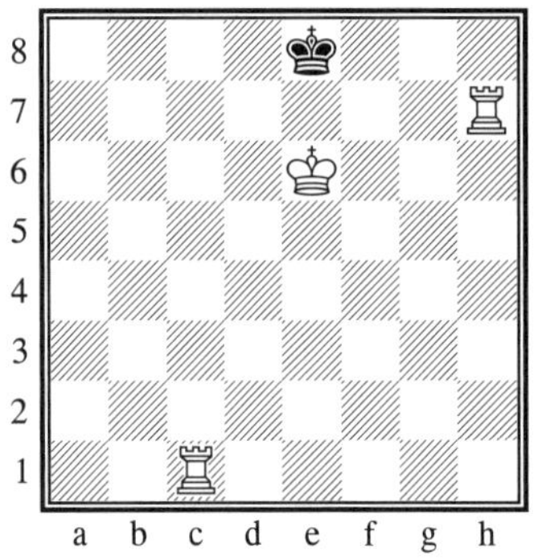

....

Diagramme n° 3

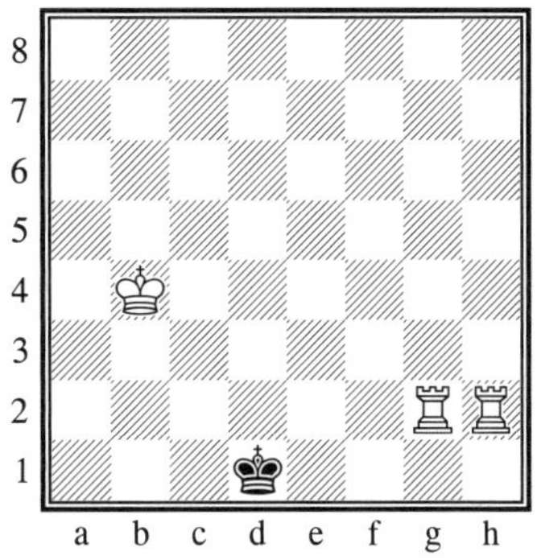

....

Diagramme n° 4

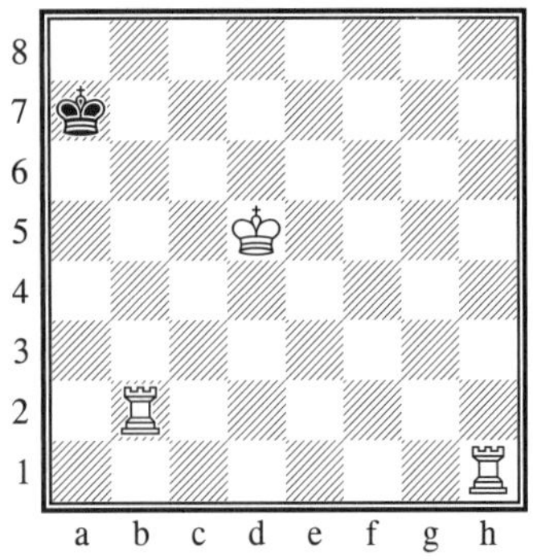

....

Diagramme n° 5

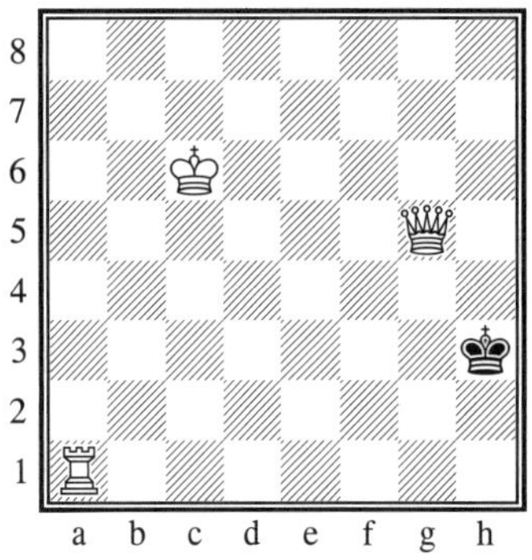

....

Diagramme n° 6

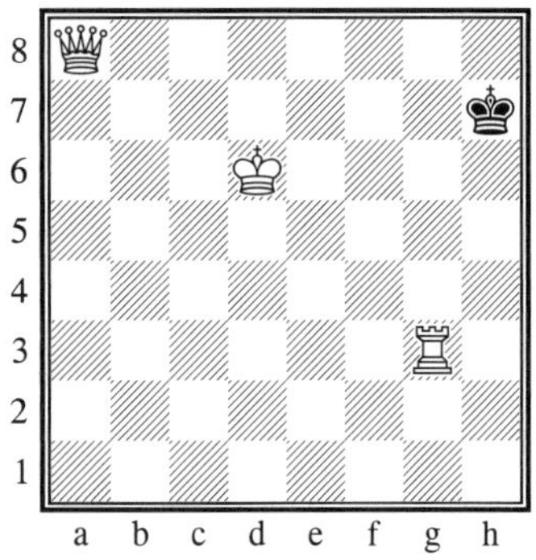

....

Diagramme n° 7

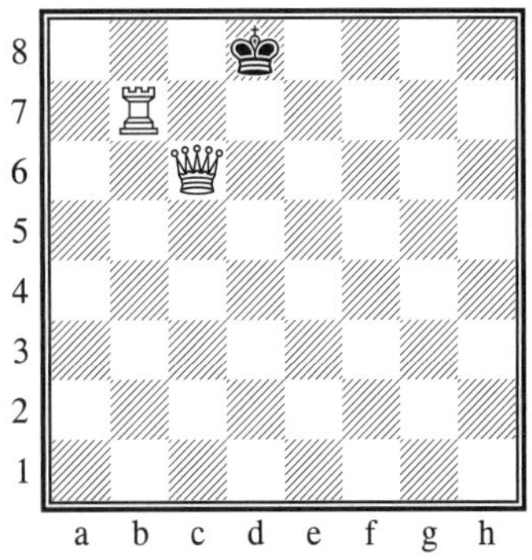

....

Diagramme n° 8

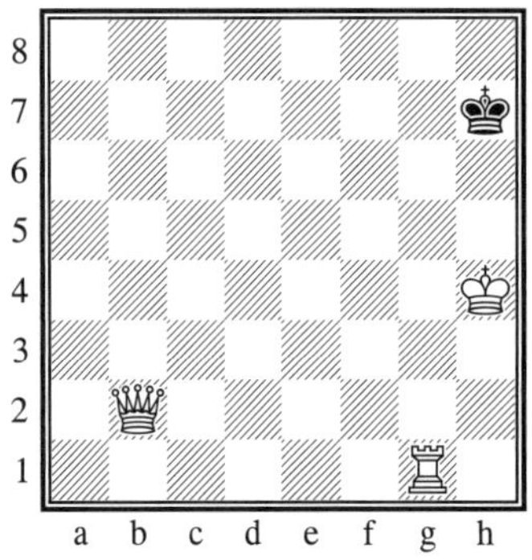

....

Diagramme n° 9

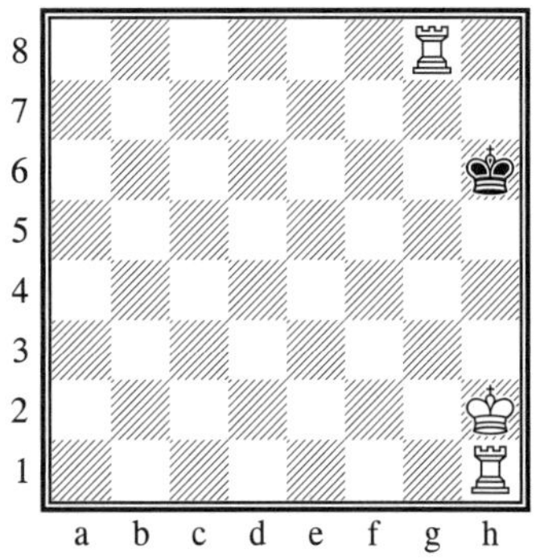

....

COLORIAGE

FICHE ENSEIGNANT
séance 8

LE DÉPLACEMENT DU FOU

A. Organisation de la séance

Les élèves observent et analysent les situations proposées par l'enseignant sur l'échiquier mural. Ils répondent sur l'ardoise ou/et le cahier d'essai puis proposent des réponses sur l'EM. L'enseignant les incite à répondre oralement depuis leur place (donc sans déplacement) pour que le groupe-classe apprenne progressivement à invalider directement les réponses non réfléchies d'une part, pour favoriser l'abstraction et l'expression d'autre part.

Durée de la séance

40 minutes.

Le matériel pédagogique spécifique

L'échiquier mural et ses pièces, les échiquiers individuels, des diagrammes d'exercices.

Le(s) dispositif(s) pédagogique(s)

L'échiquier mural est placé face aux élèves. Les élèves disposent d'un échiquier individuel pour deux, qui permettra de déplacer les pièces en phase de recherche ou au moment de la mise en commun des réponses.

B. Objectifs de la séance

1. Les prérequis

Aucun en particulier mais un bon repérage des deux couleurs de diagonales possibles (Fou de cases noires, Fou de cases blanches).

2. Les objectifs pédagogiques

Objectifs généraux

- Acquérir et renforcer la notion de diagonale
  - en effectuant des déplacements en diagonale précis et successifs sur quadrillage
- Effectuer des trajets en diagonale sur un quadrillage (l'échiquier), selon une logique de déplacement
- Développer ses capacités d'abstraction et d'expression
  - en programmant des déplacements directs et précis.
  - en cherchant des modes de raisonnement et de résolution rigoureux et systématiques

Objectifs spécifiques

- Anticiper mentalement les déplacements du Fou sur l'échiquier.
- Connaître et appliquer le mode de déplacement du Fou aux Échecs.

3. Les compétences à acquérir

- Effectuer des déplacements du Fou sur l'échiquier selon la règle et de manière non aléatoire.
- Anticiper mentalement ces déplacements.
- Connaître et appliquer le mode de déplacement du Fou aux Échecs.

FICHE ENSEIGNANT
séance 8

LE DÉPLACEMENT DU FOU

C. Déroulement de la séance

1. Phase de découverte collective

Information 1 : Le Fou se déplace d'autant de cases libres qu'il le souhaite, en diagonale, dans toutes les directions. Il se déplace sur les cases de sa couleur d'origine.
Les élèves (ou l'enseignant) placent sur l'EM les deux Fous des Blancs et les deux Fous des Noirs sur leur case initiale (celle de début d'une partie). Les élèves utilisent deux couleurs (bleu et rouge) pour indiquer par des flèches les déplacements possibles des quatre Fous

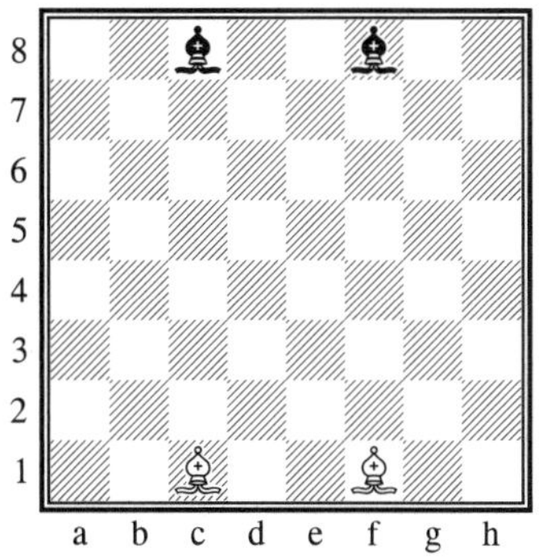

position de départ

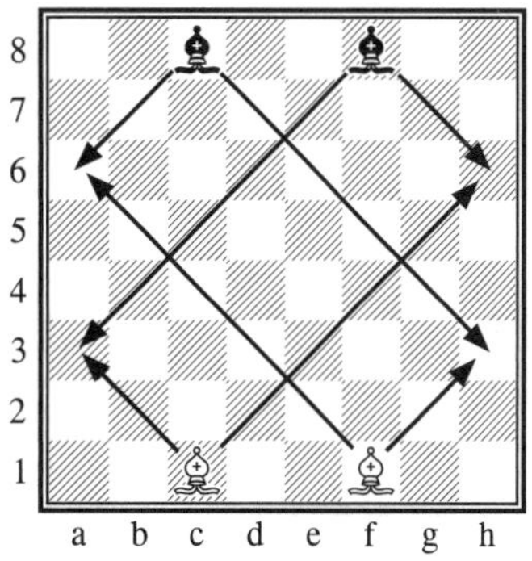

solution

2. Phase d'exploration (collective puis individuelle)

Information 2 : Le Fou prend les pièces adverses comme il se déplace.
On propose sur l'EM aux élèves l'étude d'une position avec des prises de pièces par les Fous des deux camps : on demande aux élèves de chercher et de montrer les différentes prises possibles qu'ils ont repérées. Les élèves tracent les flèches-réponses correctes. L'enseignant peut noter les réponses correctes au tableau à côté de l'EM et expliquer sans insister la notation.

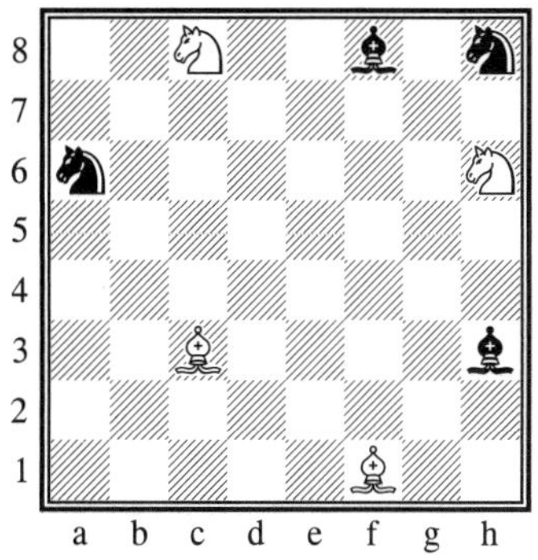

position avec des prises

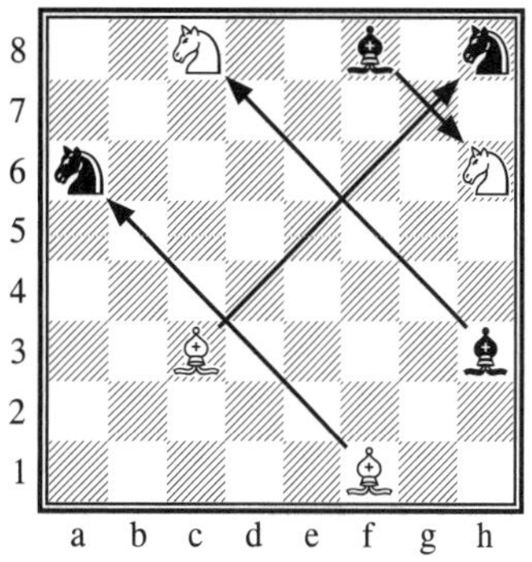

solution

Solution notée :
Blancs : Ff1 x Ca6, Ff1 x Fh3, Fc3 x Ch8
Noirs : Ff8 x Ch6, Fh3 x Ff1, Fh3 x Cc8

FICHE ENSEIGNANT
séance 8

LE DÉPLACEMENT DU FOU

3. Phase d'étape

On propose aux élèves d'effectuer seuls ou par deux un travail de recherche analogue (avec la même consigne) mais dans une position différente. Cette position 2 est placée sur l'EM par l'enseignant. Les élèves la placent dans un second temps sur l'échiquier individuel commun. (un pour deux) L'enseignant vérifie qu'ils ont placé correctement la position. Les élèves utilisent alors l'échiquier individuel pour repérer les déplacements puis tracent les flèches-réponses sur un diagramme individuel (ou un diagramme par équipe de deux).

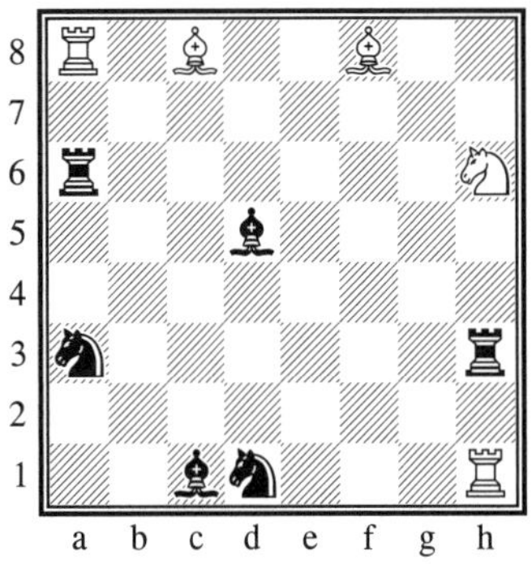

position avec des prises

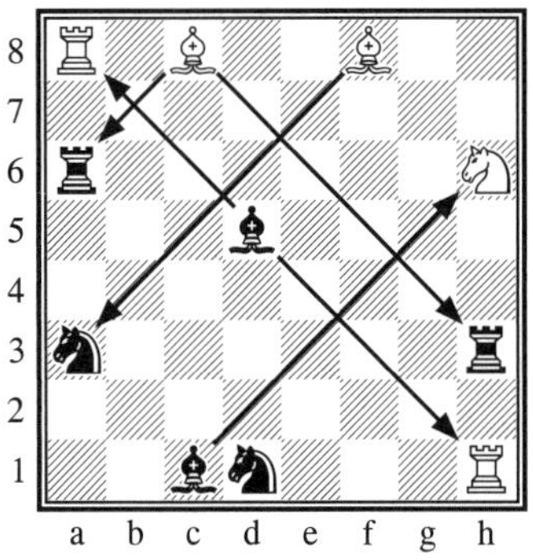

solution

4. Phase de conclusion

1) Les élèves effectuent seuls les diagrammes 1, 2, 3 de la **Fiche CE2 élève « Le déplacement du Fou (1) ».**
2) Les élèves cherchent la solution des diagrammes 4, 5, 6 de la **Fiche CE2 élève** puis on corrige à chaud sur l'EM.
3) Les élèves cherchent seuls les diagrammes 7, 8, 9.

FICHE ÉLÈVE
séance 8

LE DÉPLACEMENT DU FOU

1. Trace un rond bleu sur les cases où le Fou blanc des Blancs a le droit de se déplacer.
2. Trace un rond vert sur les cases où le Fou blanc des Noirs a le droit de se déplacer.
3. Trace un rond bleu et vert sur les cases accessibles aux deux Fous.

Diagramme n° 1

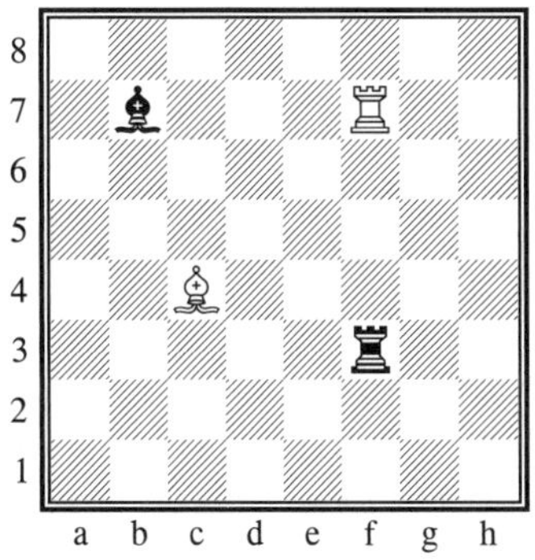

Diagramme n° 2

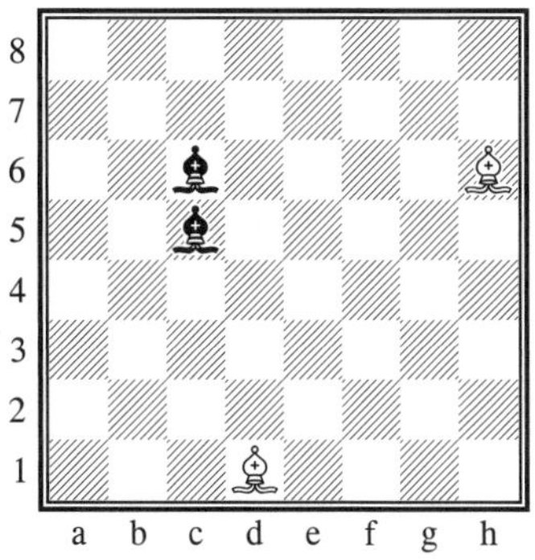

Diagramme n° 3

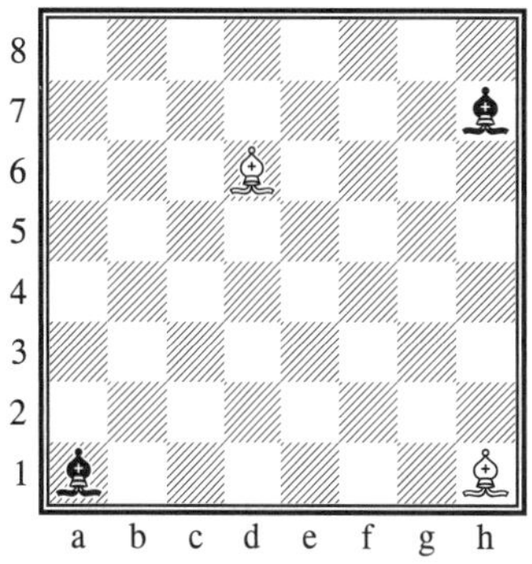

Trace avec des flèches diagonales un trajet qui permettra au Fou de rejoindre son Roi. Attention les cases marquées d'une croix ne peuvent être traversées.

Diagramme n° 4

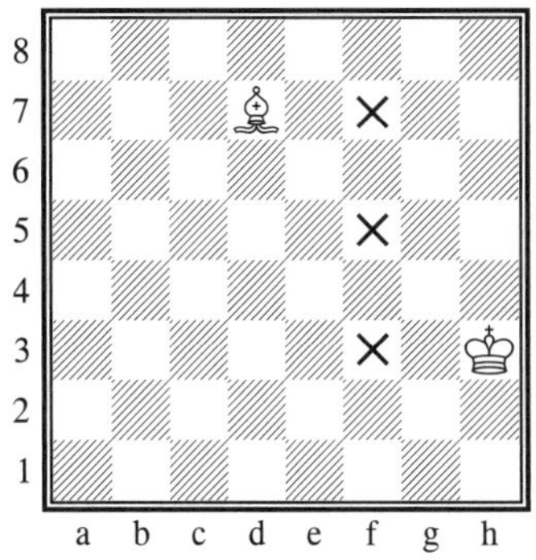

Diagramme n° 5

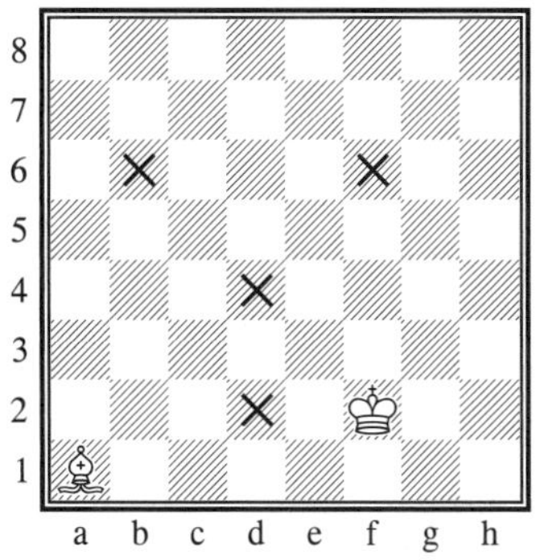

Diagramme n° 6

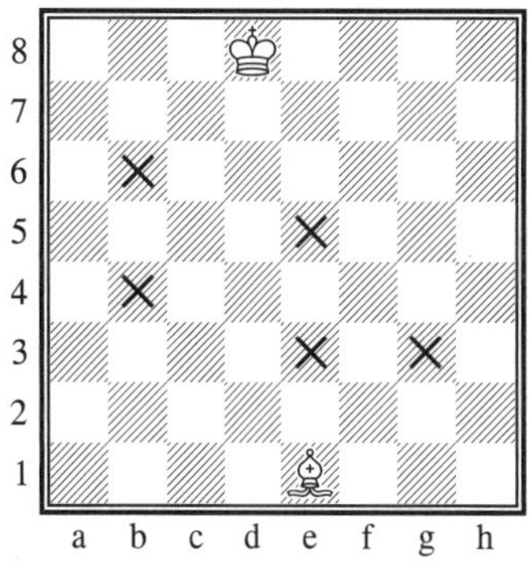

Diagramme n° 7

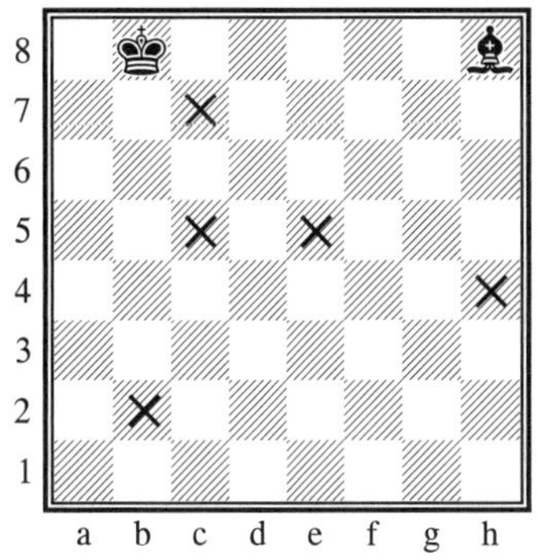

Diagramme n° 8

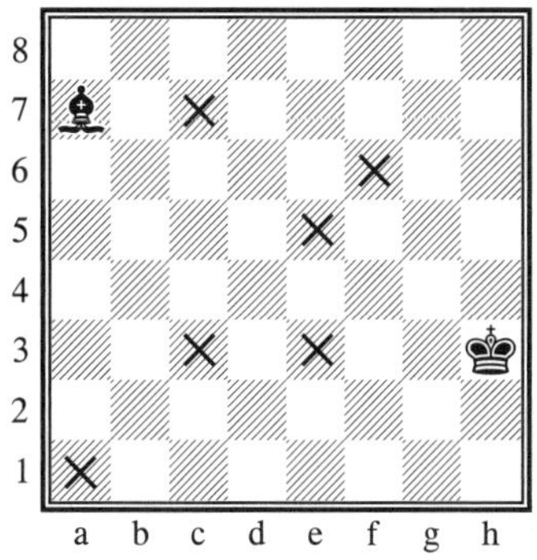

Diagramme n° 9

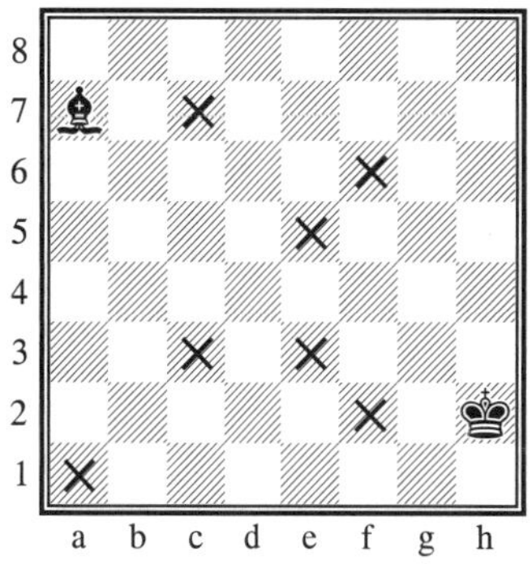

FICHE ENSEIGNANT
séance 9

LE DÉPLACEMENT DU CAVALIER

A. Organisation de la séance

Durée de la séance

20 à 30 minutes.

Le matériel pédagogique spécifique

Échiquier mural.

Le(s) dispositif(s) pédagogique(s)

L'échiquier mural est placé au tableau par l'enseignant. Les élèves sont face au tableau, selon une disposition frontale classique.

B. Objectifs de la séance

1. Les prérequis

Aucun.

2. Les objectifs pédagogiques

Objectifs généraux

- Apprendre un mode de déplacement nouveau sur quadrillage
- Effectuer des déplacements et trajets en L sur un quadrillage
- Développer ses capacités d'abstraction
  - en programmant des déplacements sur Quadrillage
  - en cherchant des modes de raisonnement et de résolution rigoureux et systématiques

Objectifs spécifiques

- Anticiper mentalement les déplacements du Cavalier sur l'échiquier.
- Connaître et appliquer le mode de déplacement du Cavalier aux Échecs.

3. Les compétences à acquérir

- Effectuer des déplacements de Cavalier sur l'échiquier selon la règle.
- Effectuer des déplacements de Cavalier sur l'échiquier de manière non aléatoire.

FICHE ENSEIGNANT
séance 9

LE DÉPLACEMENT DU CAVALIER

C. Déroulement de la séance

1. Phase de découverte collective

3 situations **(1, 2 et 3) = 10 minutes**

L'échiquier mural est placé face aux élèves. Les élèves observent les situations proposées par l'enseignant. Ils se déplacent pour proposer des réponses sur l'EM. L'enseignant les incite progressivement à répondre oralement depuis leur place (donc sans déplacement) pour favoriser l'abstraction et l'expression.

Mode de déplacement du Cavalier : il se déplace en L. Il change de couleur de case à chaque déplacement. Il ne peut jamais sauter sur une case adjacente. C'est la seule pièce du jeu qui peut sauter au-dessus des autres pièces au cours d'un déplacement.
On fait souvent scander aux élèves « 1,2 et je tourne » pour guider leur apprentissage du déplacement du Cavalier. Il s'agit de compter le déplacement vers l'avant, l'arrière et les côtés du Cavalier (« 1,2 ») puis d'indiquer s'il tourne à gauche ou à droite (« et je tourne »).

Positions 1, 2 et 3

Consignes possibles :

1. Placer un aimant sur chacune des cases de l'EM accessibles au Cavalier dans ces trois positions.
2. Compter le nombre de cases accessibles au(x) Cavalier(s) dans ces trois positions.
3. Dans la position 1, demander aux élèves de venir placer le Cavalier sur d'autres cases de l'EM où il contrôle moins de cases. Faire des remarques à ce sujet.

Position 1

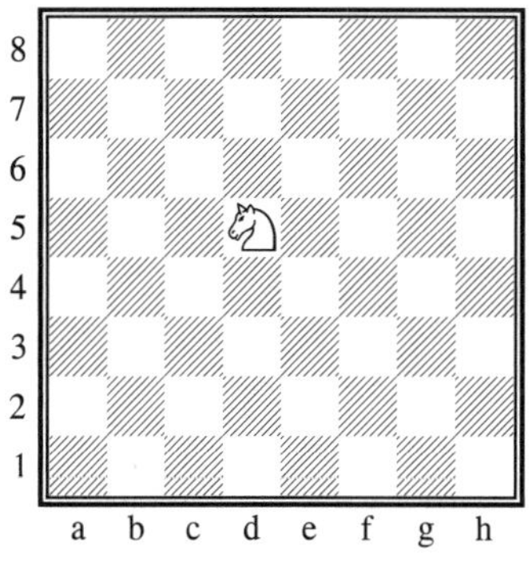

Position 2

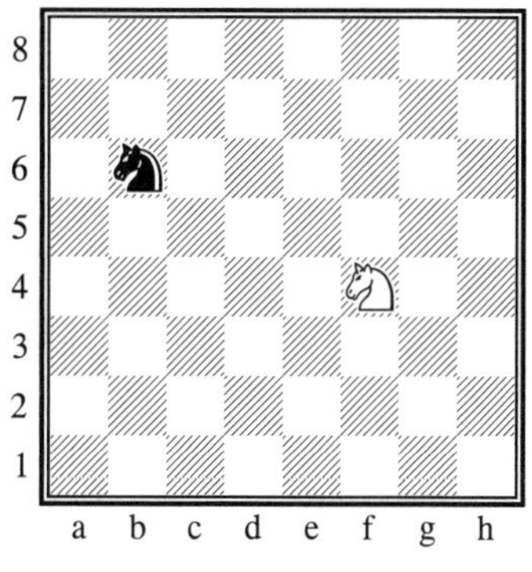

Position 3

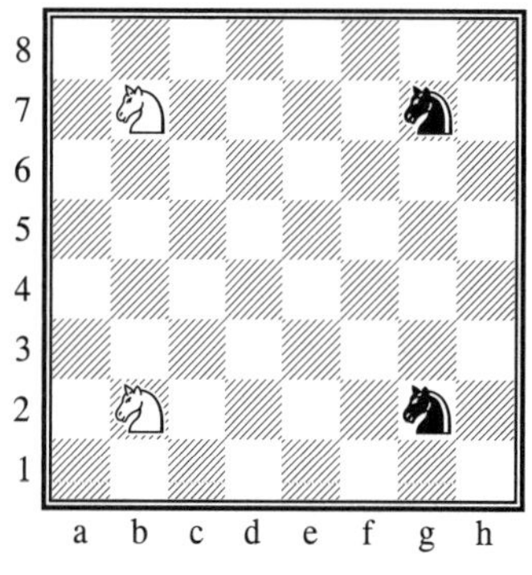

Position 2 : Même consigne. Chercher et indiquer la case « arrivée » commune aux 2 Cavaliers (case d5). Verbaliser la situation en leur disant que les 2 cavaliers Cf4 et Cb6 contrôlent une même case, la case d5. Demander aux élèves de créer une situation nouvelle, dans laquelle deux Cavaliers contrôlent 2 cases communes. Leur faire noter sur un diagramme. Collecter les réponses obtenues sur l'EM. Comparer, faire des remarques (Cavalier sur une case d'angle, à la bande, centralisé)

Position 3 : En autonomie, sur diagramme, les élèves indiquent avec des couleurs différentes les cases contrôlées par chacun des 4 Cavaliers. On fait une correction collective et individuelle des diagrammes, en sollicitant les remarques sur la couleur des cases d'origine et d'arrivée de chacun des 4 Cavaliers.

FICHE ENSEIGNANT
séance 9

LE DÉPLACEMENT DU CAVALIER

2. Phase d'approfondissement

Situation 4 = 5 à 10 minutes

On propose de montrer aux élèves une des spécialités du Cavalier, à savoir la « fourchette » qui consiste en l'attaque simultanée de deux pièces adverses. Ici il s'agit d'une fourchette royale, ce qui oblige les Noirs à jouer leur Roi pour fuir l'échec. Le Cavalier blanc donne échec au Roi par Cf7. Celui-ci doit se déplacer pour parer l'échec car il ne peut prendre le Cf7 (3 possibilités de fuite s'offrent au Roi : Tg8, Rg7, Rh7). Les Blancs jouent alors Cf7 x Td8 et se retrouvent avec un gros avantage matériel – une Tour de plus - Bien entendu il faut faire chercher aux élèves cette séquence :

1. Que jouent les Blancs pour gagner du matériel ?
2. Éliminer les coups tentants mais incorrects : Tc2 et Tf7 attaquent le Cavalier noir mais les Noirs peuvent se défendre.

Situation 4

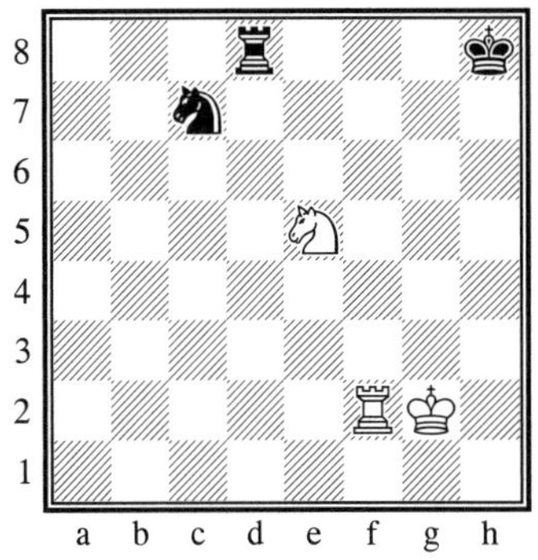

3. Phase de conclusion

- Les élèves travaillent seuls ou à deux sur la **Fiche élève « Le déplacement du Cavalier »**.
- On propose une correction individuelle ou/et collective des 6 diagrammes.

FICHE ÉLÈVE
séance 9

LE DÉPLACEMENT DU CAVALIER

1. Colorie en jaune les cases accessibles à la fois au Cavalier blanc et au Cavalier noir.
2. Colorie en vert les autres cases où le Cavalier noir a le droit de se déplacer.
3. Colorie en bleu les autres cases où le Cavalier blanc a le droit de se déplacer.

Diagramme n° 1

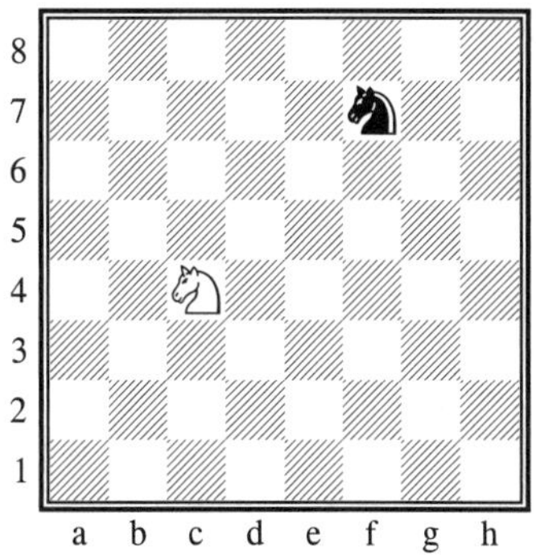

Diagramme n° 2

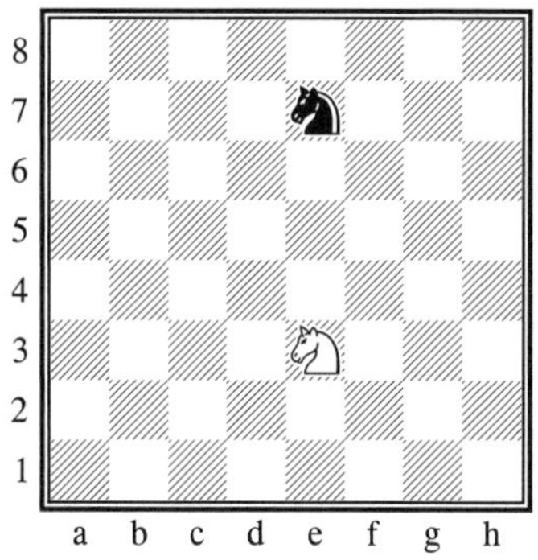

Diagramme n° 3

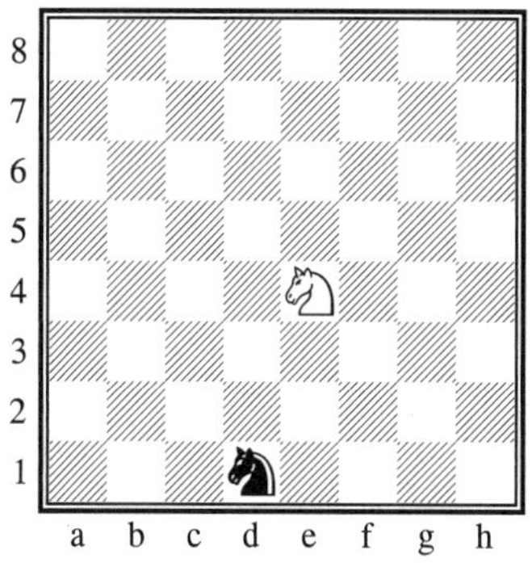

4. Invente un trajet qui permettra au Cavalier de prendre la Dame adverse. Indique les étapes de ton trajet en numérotant les cases de passage du Cavalier. Vérifie pour chaque déplacement effectué que le Cavalier atteint une case différente de celle d'où il vient. Attention, tu ne peux passer sur les cases marquées d'une croix.

Diagramme n° 4

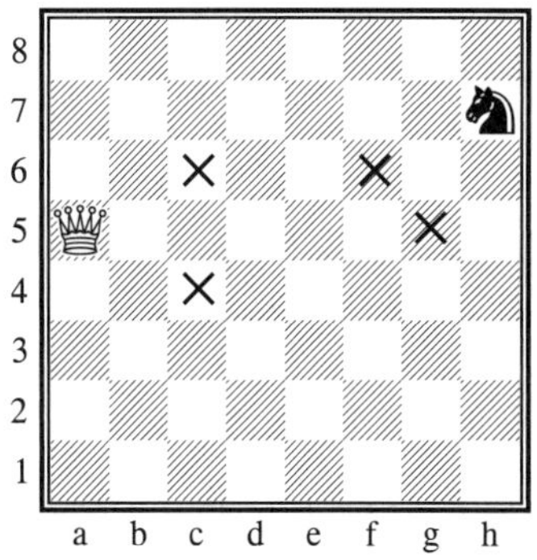

Diagramme n° 5

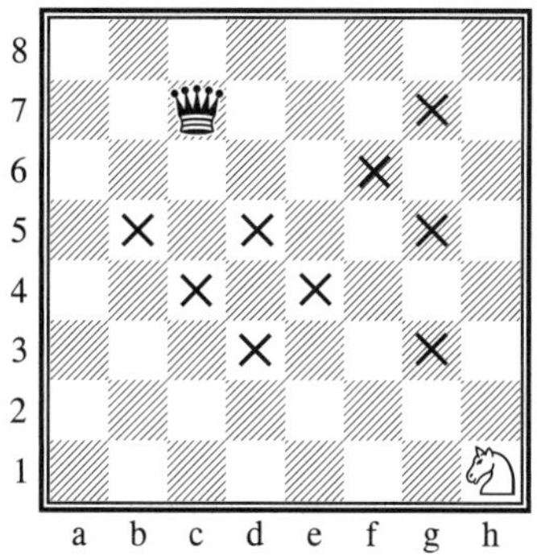

Diagramme n° 6

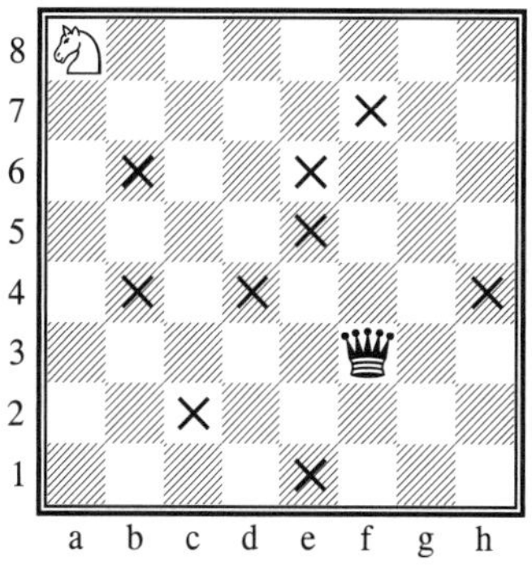

5. Colorie en vert et numérote les cases-étapes du trajet du Cavalier pour rejoindre son Roi. Attention, les cases marquées d'un rond doivent obligatoirement être empruntées.

Diagramme n° 7

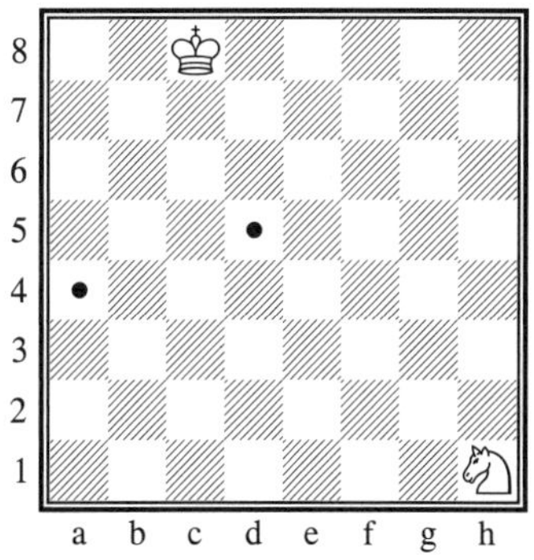

Diagramme n° 8

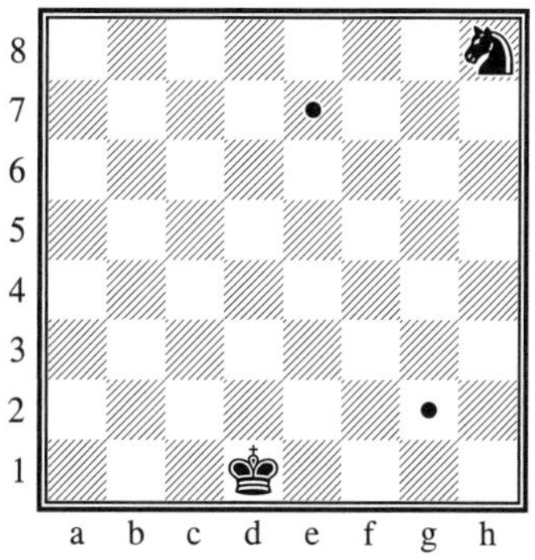

Diagramme n° 9

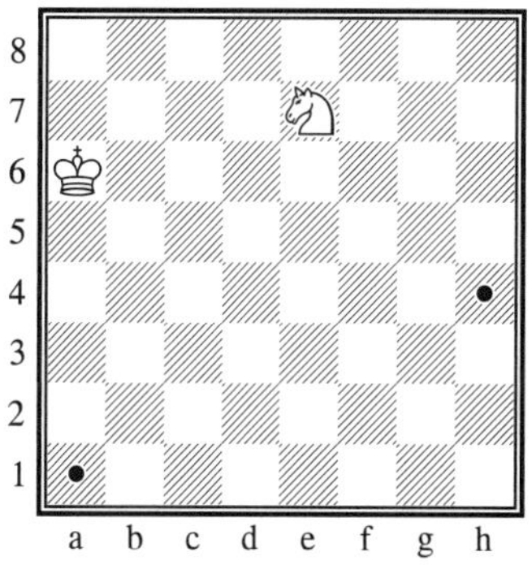

2e partie

Des jeux au service des compétences

FICHE ENSEIGNANT
séance 10

ÉCHECS ET QUADRILLAGES

A. Organisation de la séance

Durée de la séance

30 minutes.

Le matériel pédagogique spécifique

Un échiquier mural, un jeu de pièces d'échecs murales, des lettres majuscules aimantées : D R T F C P (voir modèle en annexe).

Le(s) dispositif(s) pédagogique(s)

L'échiquier est tracé au tableau par l'enseignant. Les élèves sont face au tableau, selon une disposition frontale classique.

B. Objectifs de la séance

1. Les prérequis

- Connaître les conventions de codage et décodage d'une position sur l'échiquier.
- Comprendre et utiliser les abréviations :
  R = Roi D = Dame F = Fou C = Cavalier T = Tour P = Pion

2. Les objectifs pédagogiques

Objectifs généraux

- Développer les capacités d'observation et d'attention des élèves
- Coder et décoder avec méthode et rigueur :
- Utiliser différentes procédures de vérification
  - Vérifier son travail par traçage
  - Vérifier son travail par comptage et comparaison.

Objectifs spécifiques

- Introduire le diagramme d'échecs.
- Utiliser le codage conventionnel d'une position sur l'échiquier.
- Préciser la couleur des pièces pour les codages plus complexes.
- Passer du codage au décodage et inversement.

3. Les compétences à acquérir

- Maîtriser les activités de codage et décodage sur quadrillage.

FICHE ENSEIGNANT
séance 10

ÉCHECS ET QUADRILLAGES

C. Déroulement de la séance

1. Phase de découverte collective

L'échiquier mural est placé au tableau par l'enseignant. Les élèves sont face au tableau, selon une disposition frontale classique. On présente une 1re activité de décodage sous forme de tableau aux élèves. Ils placent la position 1 sur l'EM.

Blancs	Noirs
Rg1 Dh4 Tf5 Fb2 Ca6 Pf2 Pg3 Ph2	Rh7 Da2 Tb8 Td8 Ph6 Pg6 Pf7

2. Phase d'exploration (individuelle) sur la Fiche élève séance 12

CODAGE :
À partir d'une position sur l'EM. Les élèves écrivent le code dans un tableau Blancs/Noirs

DÉCODAGE :
L'enseignant écrit le code d'une position : les élèves écrivent (2 couleurs) les initiales des pièces sur un diagramme vide.

3. Phase d'étape

Aide et vérification personnalisées des fiches élèves, pas de mise en commun.

4. Phase de conclusion

Correction collective rapide d'une ou deux fiches comportant des erreurs
Travail en autonomie : fin et correction individuelle de cette fiche.

FICHE ÉLÈVE
séance **10**

ÉCHECS ET QUADRILLAGES

1. **Codage :**
Observe la position des pièces de ces 4 diagrammes. Complète ces tableaux, en indiquant les coordonnées des pièces pour chacune de ces positions.

Position 1

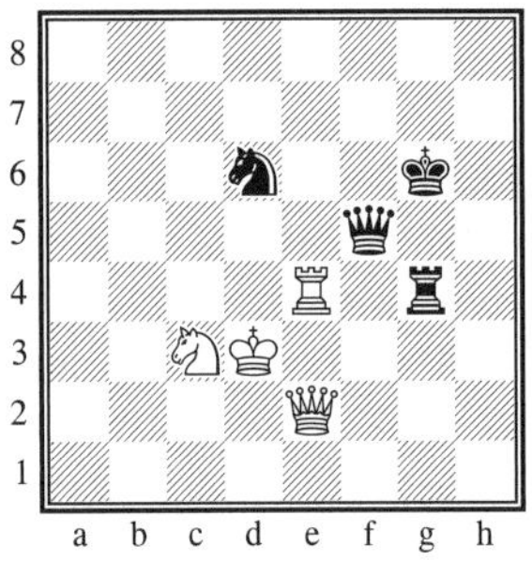

Position 1

Blancs	Noirs

Position 2

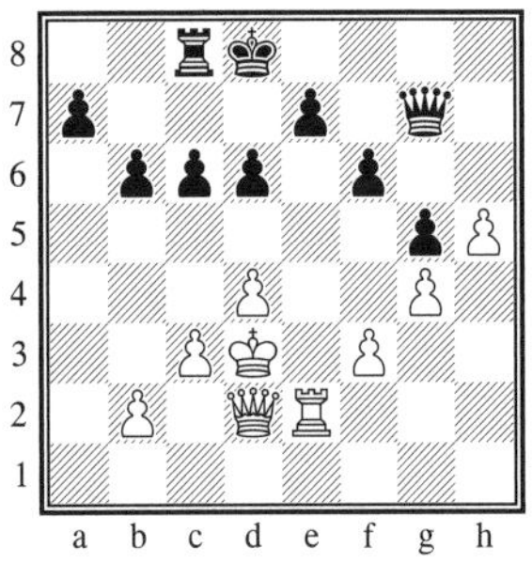

Position 2

Blancs	Noirs

Position 3

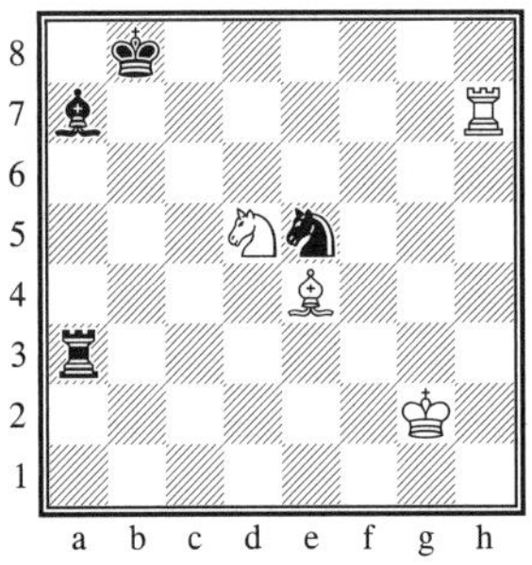

Position 3

Blancs	Noirs

Position 4

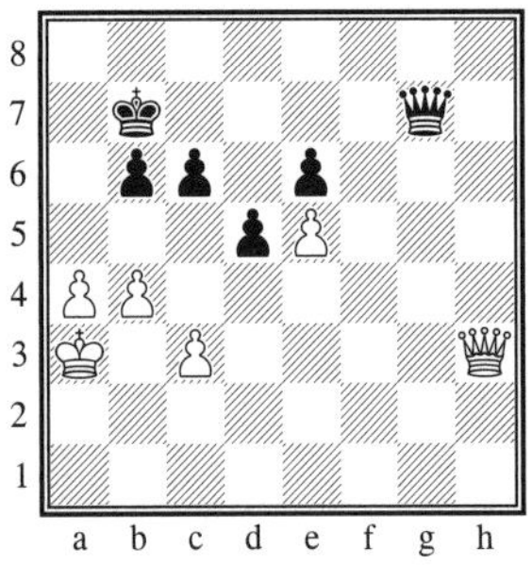

Position 4

Blancs	Noirs

COLORIAGE

FICHE ENSEIGNANT
séance 11

REPÈRES MATHÉMATIQUES, CALCUL MENTAL ET RÉFLÉCHI : L'ÉCHIQUIER ET LES PIÈCES

NUMÉRATION

Exploiter le jeu d'échecs pour développer des repères et aptitudes en calcul réfléchi et calcul mental

1. Des repères généraux en calcul réfléchi :

- Les tables d'addition et de multiplication sont couramment présentées aux élèves sous forme de tableau à double entrée. La pratique régulière du jeu d'échecs en favorise grandement la lecture et même l'acquisition pour la grande majorité des élèves.
- Les nombreuses activités de codage et décodage de positions, de déplacements de pièces sur l'échiquier permettent de travailler de nombreuses compétences :
  - Elles renforcent les activités méthodiques de repérages et déplacement sur quadrillages, mises en place au Cycle 2 (GS CP CE1) dans de nombreuses activités (jeux de topologie et de repérage tracés sur tableaux, jeux de labyrinthes…)
  - Elles développent la maîtrise générale de la lecture
  - Elles développent l'aptitude à la construction
    - de tableaux de calculs en Mathématiques
    - de tableaux de données numériques et techniques en Sciences et Technologie
    - de plans en Géographie et Éducation Civique : plans de lieux et d'espaces : villes, pays…
  - Elles multiplient les entraînements au repérage et à la structuration de l'espace géométrique :
  - L'échiquier est un quadrillage régulier de forme carrée.
  - L'échiquier est un quadrillage particulier de type 8 x 8. (64 cases)
  - Elles suggèrent et facilitent l'organisation de savoirs sous forme de tableau.

2. Des aptitudes au calcul réfléchi :

Au cours des séances d'apprentissage du jeu, les élèves remarqueront que :

- Les déplacements et positions de pièces peuvent s'écrire sous la forme d'écritures additives correspondant aux trajets effectués sur le réseau des cases de l'échiquier.
- Les déplacements et positions de pièces peuvent être dessinés sous forme de schémas (fléchés par exemple)
- Des propriétés, relations et correspondances numériques inhérentes au jeu d'échecs seront progressivement établies par les élèves car l'échiquier se compose de :
- 64 cases, soit 32 cases claires (1/2) + 32 cases sombres (1/2)
- 8 colonnes de 8 cases et 8 rangées de 8 cases = 8 x 8 = 8 + 8 + 8 + 8 + 8 + 8 + 8 +8
- 2 grandes diagonales [blanche h1 // a8 et noire a1 // h8 (2 x 8)] = 8 + 8
- 32 pièces (occupent la ½ des cases au début de la partie, c'est-à-dire 50% de la surface du carré) dont 16 blanches et 16 noires (¼ + ¼ = ½)

FICHE ENSEIGNANT
séance 11

REPÈRES MATHÉMATIQUES, CALCUL MENTAL ET RÉFLÉCHI : L'ÉCHIQUIER ET LES PIÈCES

3. Des aptitudes au calcul mental :

Les échecs développent l'abstraction et l'imagerie mentale. Le joueur d'échecs déplace mentalement les pièces. Il apprend ainsi progressivement à imaginer, visualiser, retenir ou rejeter des positions et configurations de pièces selon les qualités ou les défauts qu'il leur prête par le calcul. Le joueur ne joue pas toutes les positions envisagées « en pratique ». Il apprend à choisir et sélectionner les coups par l'analyse de la position des pièces sur l'échiquier.

- La plupart des déplacements de pièces s'effectuent donc virtuellement et mentalement aux échecs car la règle du jeu stipule que le joueur réfléchit sans toucher les pièces et ne déplace une pièce qu'au moment où il décide de la jouer. Avant de choisir et de se décider pour un coup, le joueur doit donc :
  - envisager et opérer mentalement plusieurs possibilités de déplacements de pièces.
  - comparer mentalement la « valeur » de ces différentes possibilités.
  - envisager mentalement plusieurs déplacements possibles pour chaque pièce
  - « comparer » mentalement ces déplacements en fonction de ses objectifs de jeu et, autant que possible, de ceux (supposés) de son adversaire.
  - Se décider et déplacer matériellement et définitivement une seule pièce à la fois (aux échecs, le coup joué ne peut être ni « repris », ni « modifié »).

FICHE ÉLÈVE
séance 11

REPÈRES MATHÉMATIQUES, CALCUL MENTAL ET RÉFLÉCHI : L'ÉCHIQUIER ET LES PIÈCES

Dans ces exercices il est demandé aux élèves de compter le nombre de déplacements possibles d'une ou de deux pièces, de les additionner de manière méthodique pour obtenir un résultat chiffré. Nous donnons deux exemples qui pourront être présentés aux élèves sur l'échiquier mural en matière d'introduction.

Exemple 1 : il s'agit de compter le nombre de déplacements possible de la Tour blanche (Td4) depuis la case où elle se trouve. On pourrait flécher ce déplacement (exemple 1), mais on demande plutôt aux élèves de le présenter sous forme additive.
Td4 = 4 + 4 + 3 + 3 = 14 déplacements possibles ou sous la forme d'un produit (arbre de calcul, parenthèses…)
Td4 = (2 x 4) + (2 x 3) 8 + 6 = 14

Exemple 1

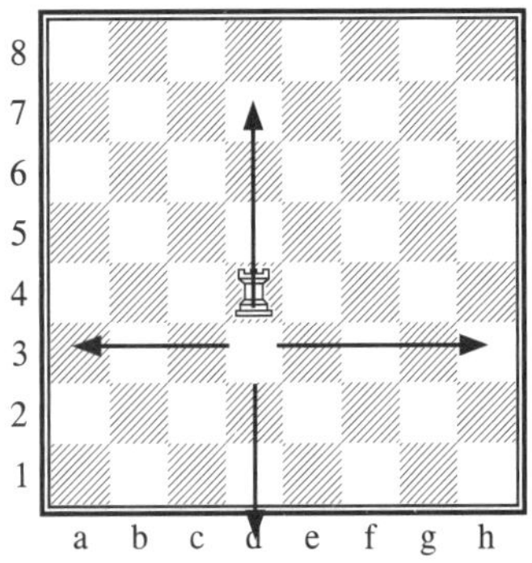

Exemple 2

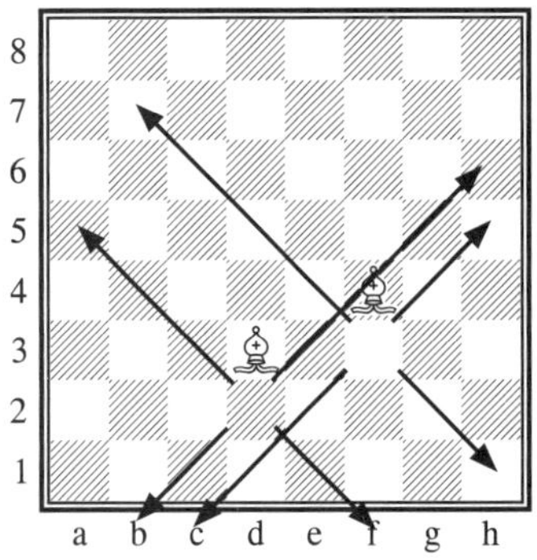

Exemple 2 : L'exemple 2 est un peu plus difficile. Le scénario est identique sur le principe, mais porte sur les déplacements possibles de deux pièces : le Fou blanc et le Fou noir des Blancs : Fd3 + Ff4 = ...?
Fd3 = 4 + 2 + 3 + 2 = 11 Ff4 = 4 + 2 +3 +2 = 11 ; Total des déplacements possibles des deux Fous blancs = 11 x 2 = 22
De très nombreuses variations sur ce thème sont possibles. Il est souhaitable aussi de mettre les élèves en situation de recherche en leur demandant de faire le même exercice en plaçant les mêmes pièces sur d'autres cases qui modifieront le résultat du calcul, en changeant le matériel (1 ou 2 Cavaliers, 1 ou 2 Dames, 3 pièces…) Selon l'âge et le niveau des élèves on graduera la difficulté.
Dernier exemple : Inventer une position de pièces qui correspond à un résultat chiffré
diagramme 1 .... ? = 32 > 14 +14 + 4 = 32, soit (14 x 2) + 4 = 32
diagramme 2 .... ? = 64 > (14 x 4) + 5 + 3 = 64

Solutions proposées

Diagramme 1 :
32 déplacements possibles

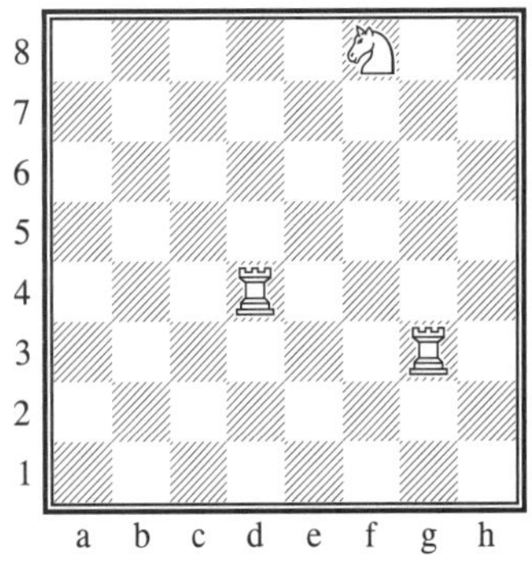

Diagramme 2 :
64 déplacements possibles

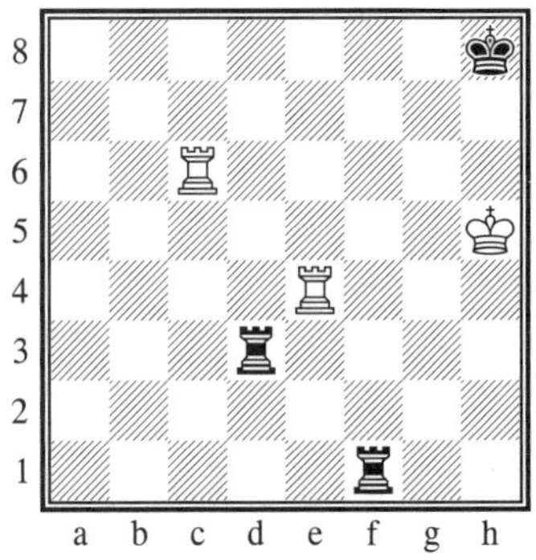

FICHE ÉLÈVE séance 11 — REPÈRES MATHÉMATIQUES, CALCUL MENTAL ET RÉFLÉCHI : L'ÉCHIQUIER ET LES PIÈCES

Compte le nombre de déplacements possibles des pièces sur chaque diagramme.
Écris ton résultat sous la forme d'un calcul chiffré sur les lignes pointillées.

Diagramme n° 1

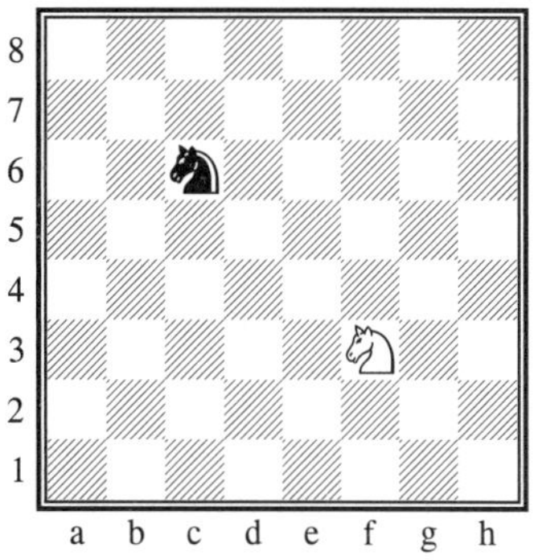

....
....
....

Diagramme n° 2

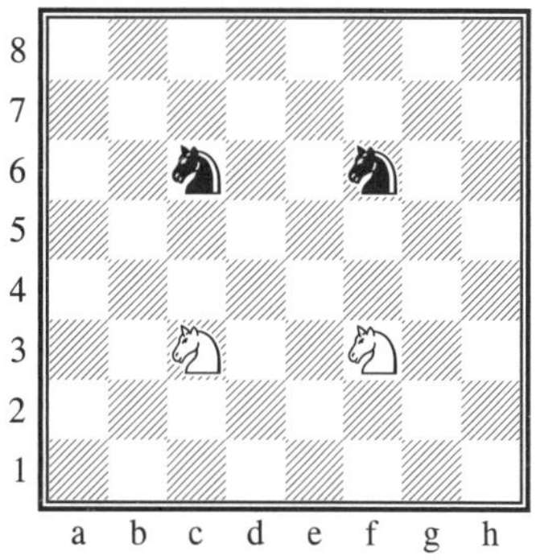

....
....
....

Diagramme n° 3

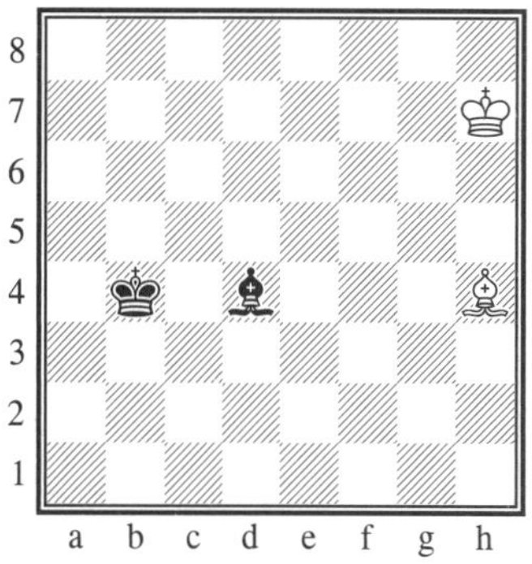

....
....
....

Diagramme n° 4

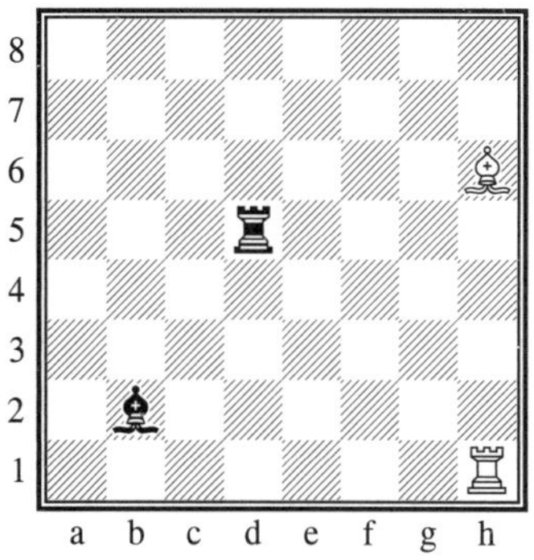

....
....
....

Diagramme n° 5

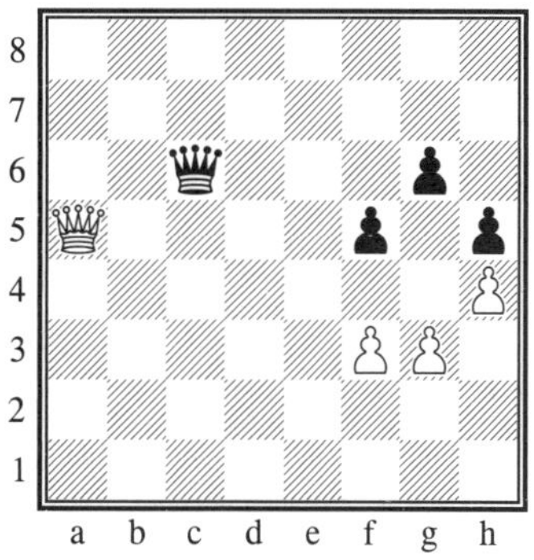

....
....
....

Diagramme n° 6

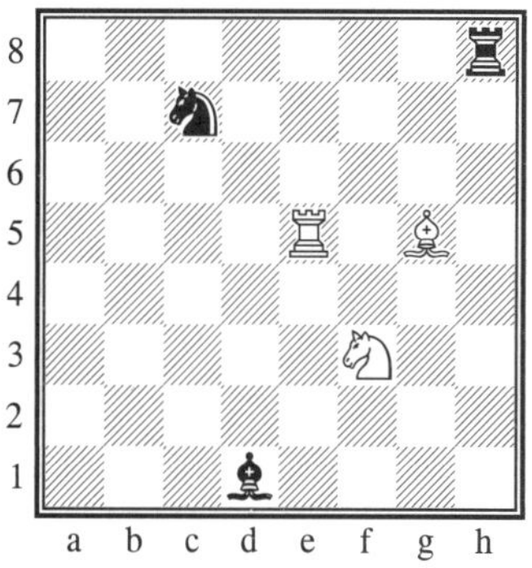

....
....
....

Diagramme n° 7

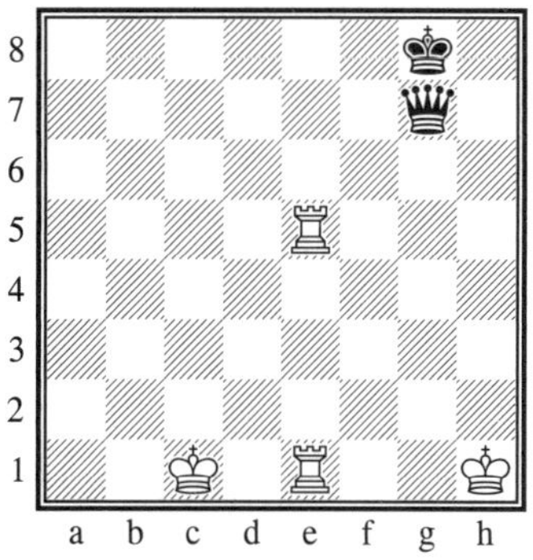

....
....
....

Diagramme n° 8

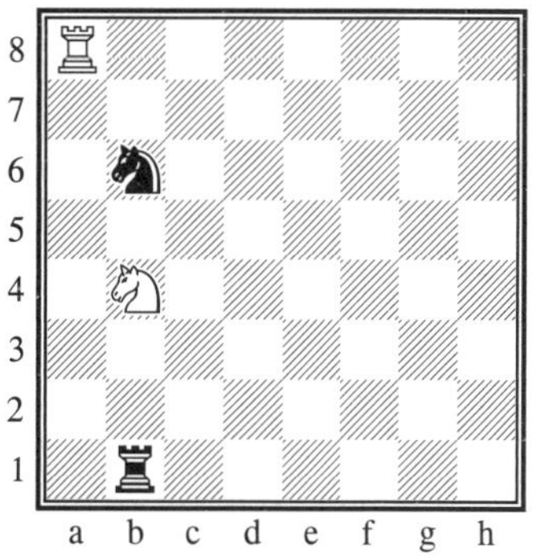

....
....
....

Diagramme n° 9

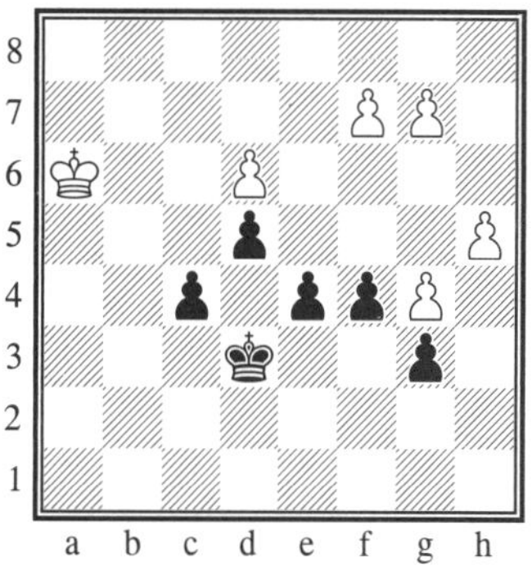

....
....
....

FICHE ÉLÈVE
séance 12

OBSERVER, COMPARER, DIFFÉRENCIER (1)

La chasse à l'intrus :

Parmi ces diagrammes un seul n'est pas identique aux autres, entoure-le. Écris sur les pointillés le nouveau code de la pièce qui a changé de case, entoure-la sur le diagramme.

Diagramme n° 1

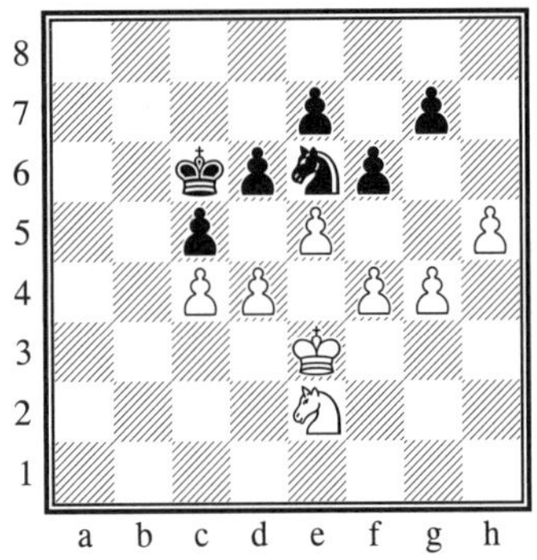

....

Diagramme n° 2

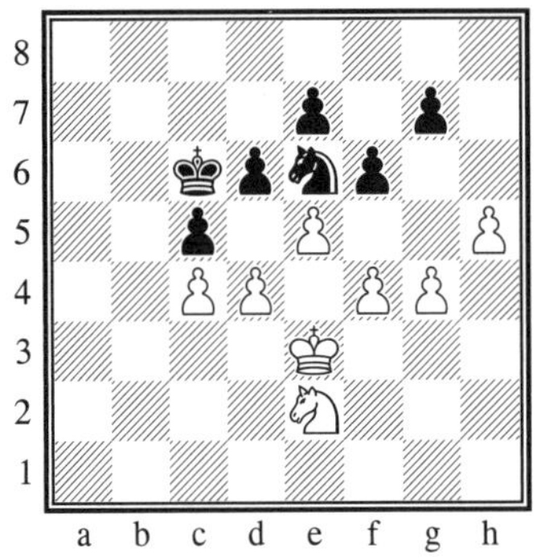

....

Diagramme n° 3

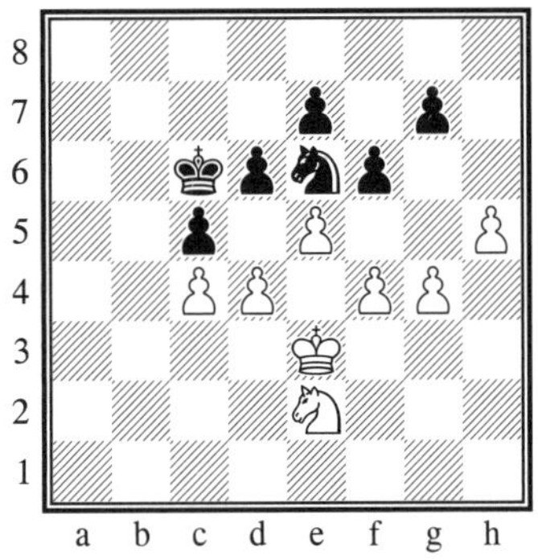

....

Diagramme n° 4

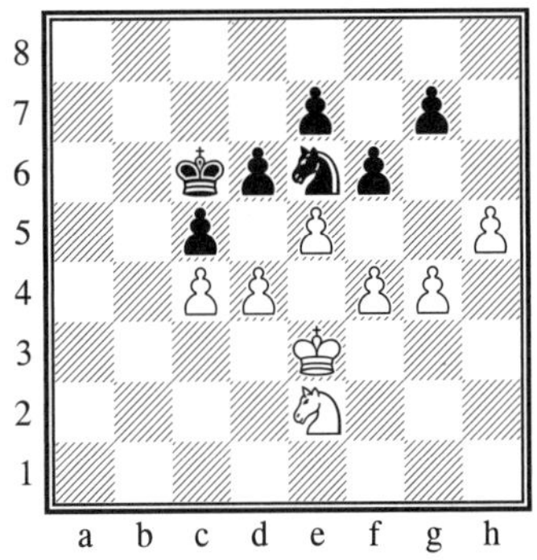

....

Diagramme n° 5

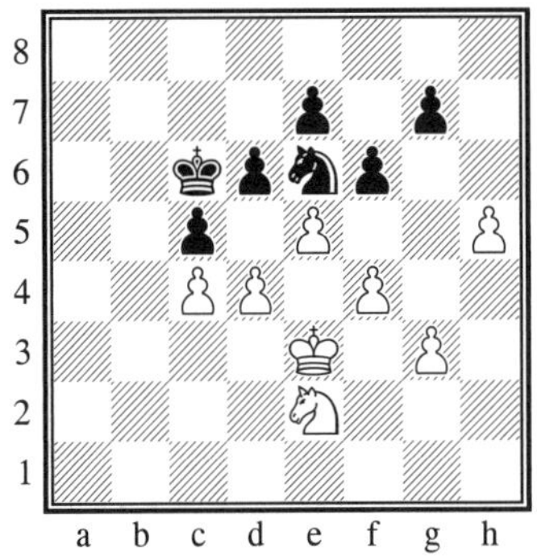

....

Diagramme n° 6

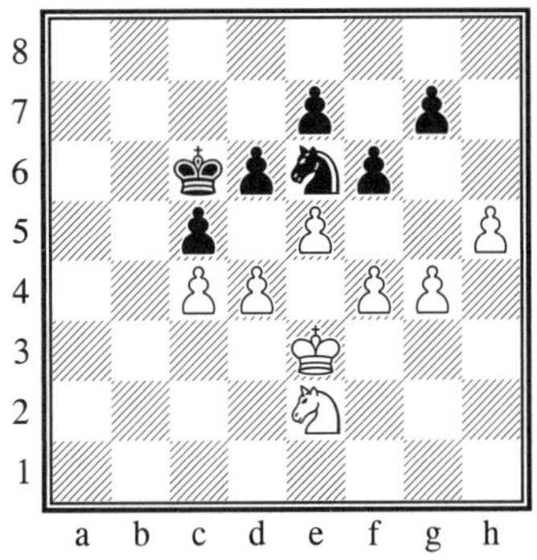

....

Diagramme n° 7

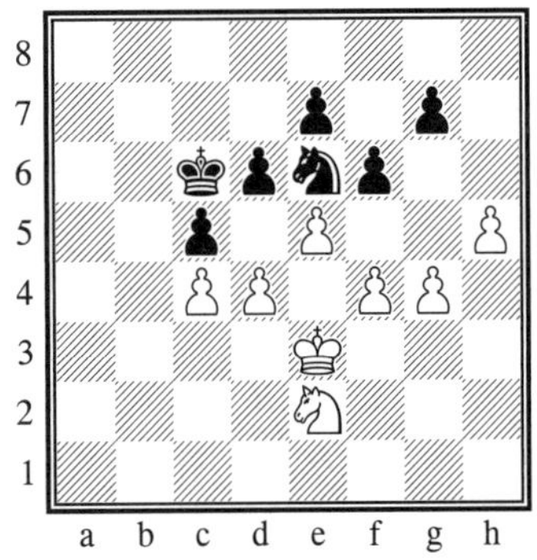

....

Diagramme n° 8

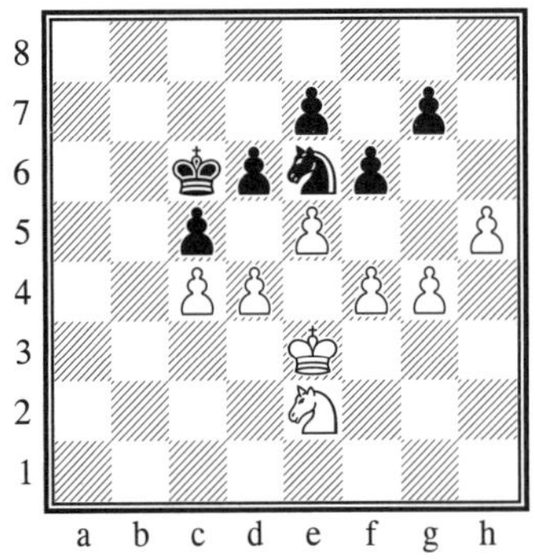

....

Diagramme n° 9

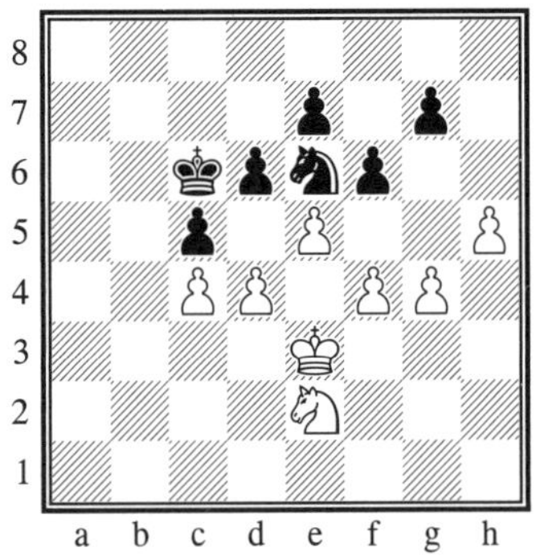

....

FICHE ÉLÈVE
séance **12**

OBSERVER, COMPARER, DIFFÉRENCIER (2)

Les jumeaux :

Parmi ces neuf diagrammes deux seulement sont différents des autres mais rigoureusement identiques entre eux. Retrouve-les et entoure-les.

Diagramme n° 1

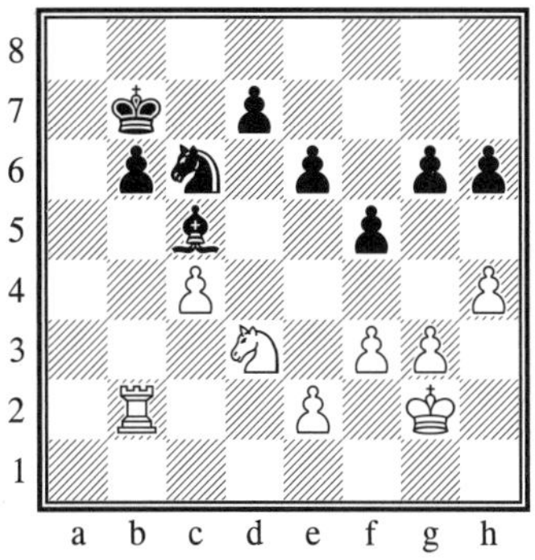

Diagramme n° 2

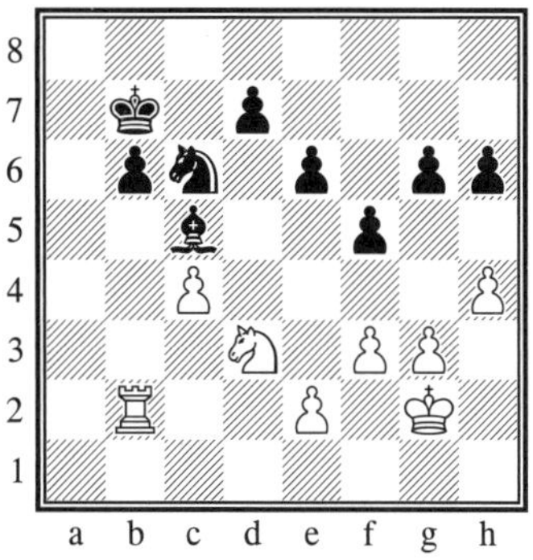

Diagramme n° 3

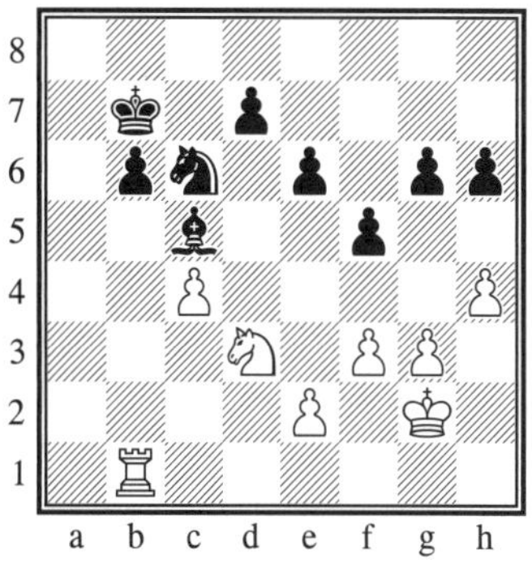

Diagramme n° 4

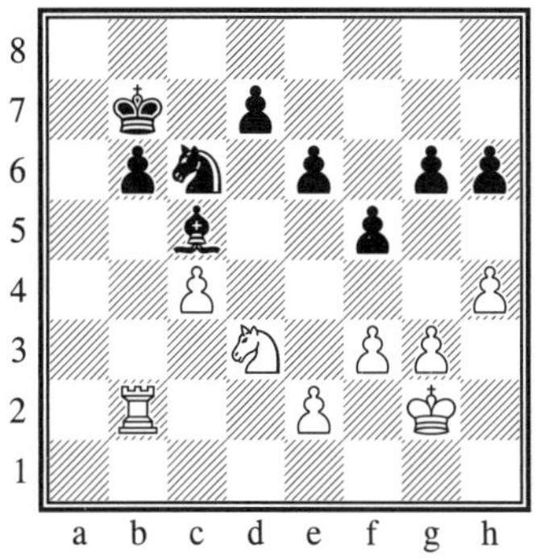

Diagramme n° 5

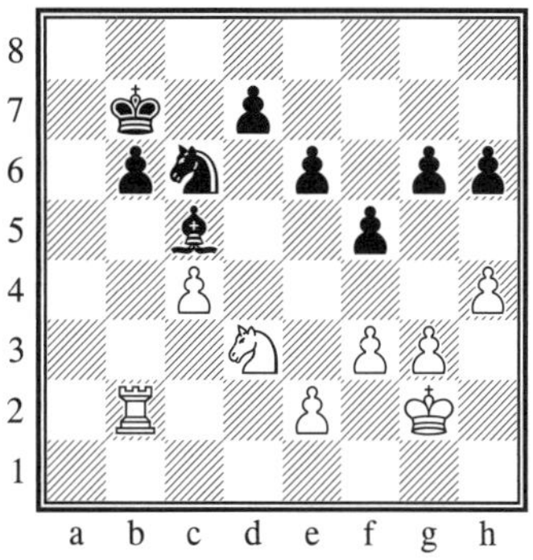

Diagramme n° 6

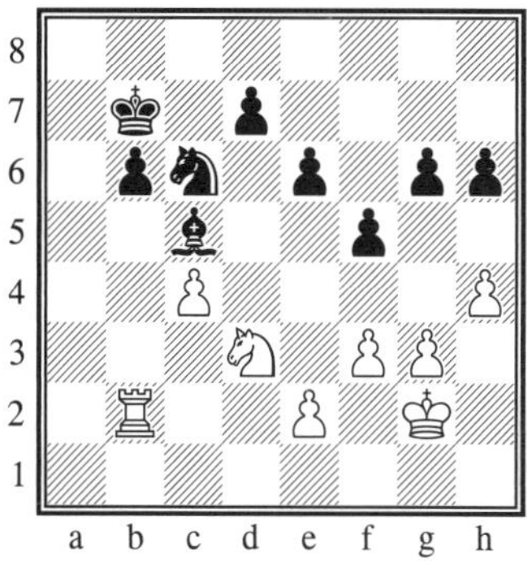

Diagramme n° 7

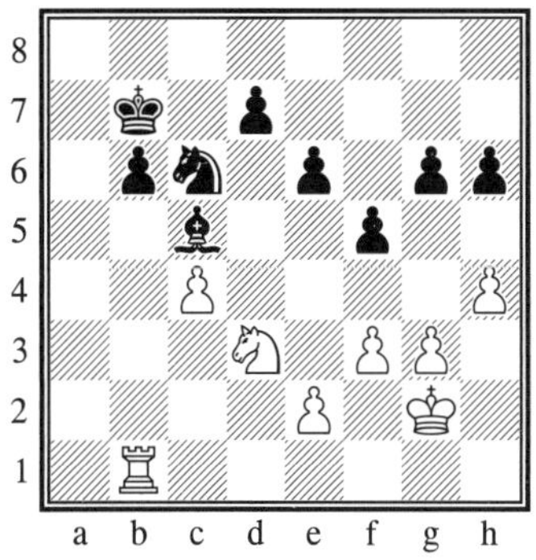

Diagramme n° 8

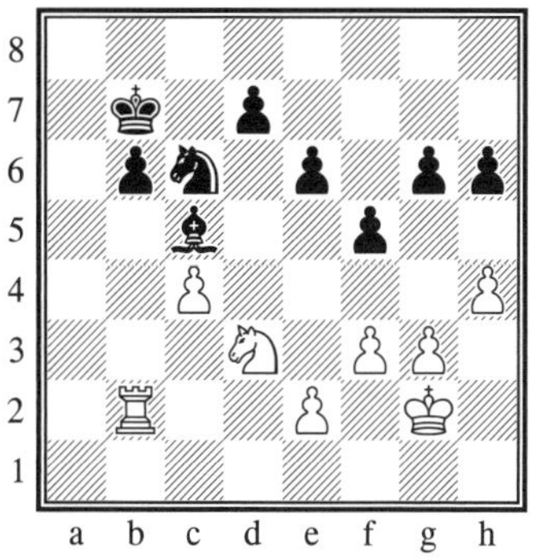

Diagramme n° 9

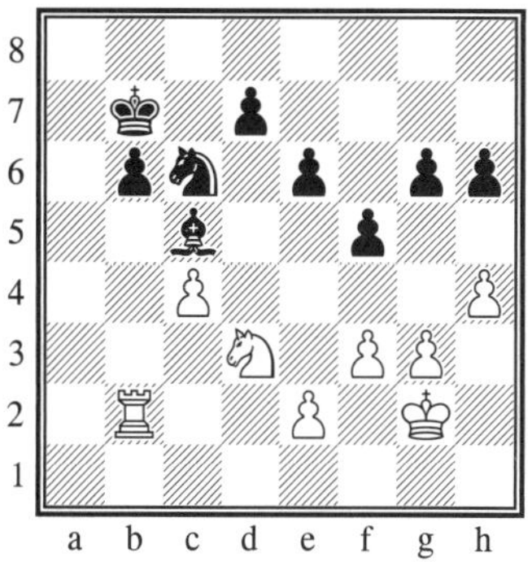

FICHE ÉLÈVE
séance **12**

OBSERVER, COMPARER, DIFFÉRENCIER (3)

Les points communs et les différences :
Compte bien le matériel pour chaque camp et observe la position des pièces.
Quels sont les points communs et les différences entre ces six diagrammes ? Écris-les sur les lignes pointillées.

....

....

....

Diagramme n° 1

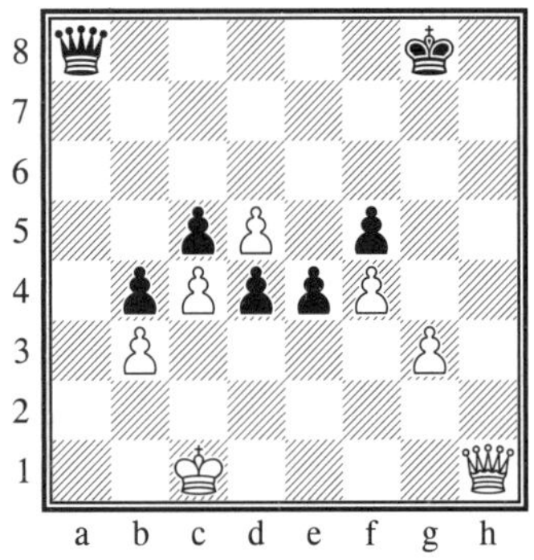

Diagramme n° 2

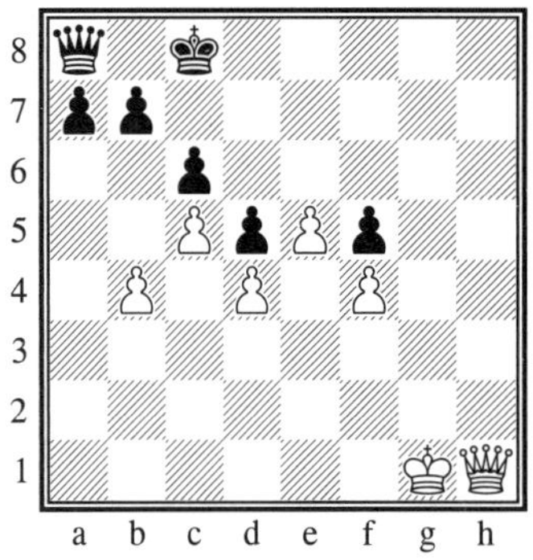

Diagramme n° 3

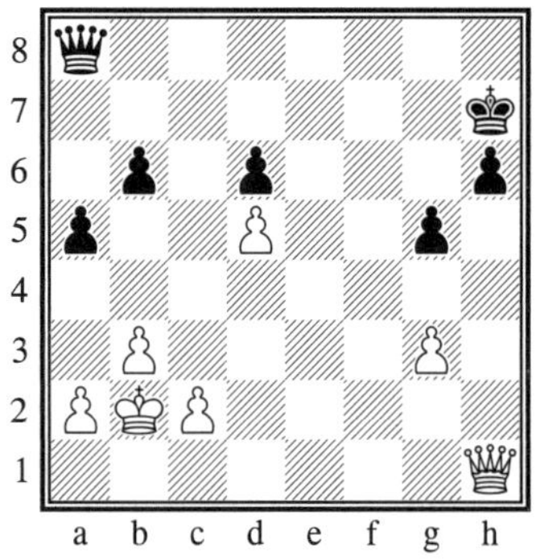

Diagramme n° 4

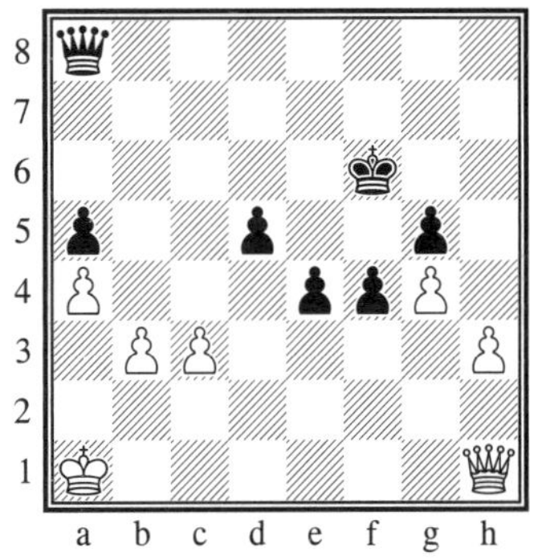

Diagramme n° 5

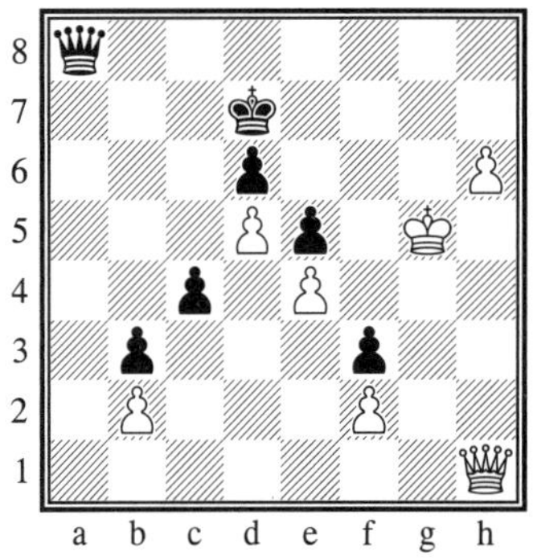

Diagramme n° 6

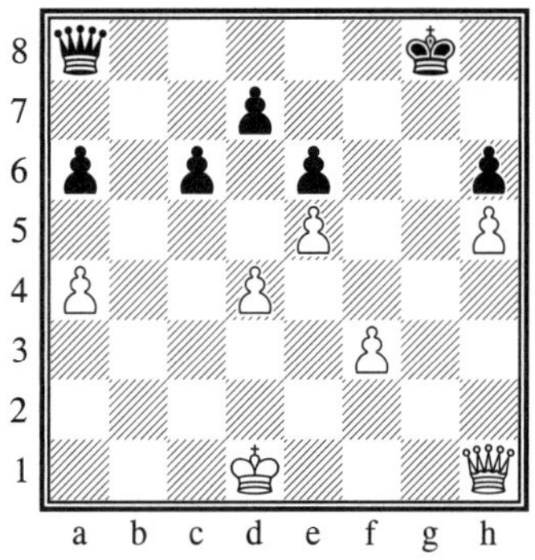

Solutions :

1. Sur chaque diagramme, les deux camps disposent du même matériel : 1 Dame, 1 Roi, 5 Pions.
2. Sur chaque diagramme, la Dame blanche occupe la case h1 et la Dame noire occupe la case a8.
3. Sur chaque diagramme, les Pions et les Rois occupent des cases différentes.

FICHE ÉLÈVE
séance **12**

OBSERVER, COMPARER, DIFFÉRENCIER (4)

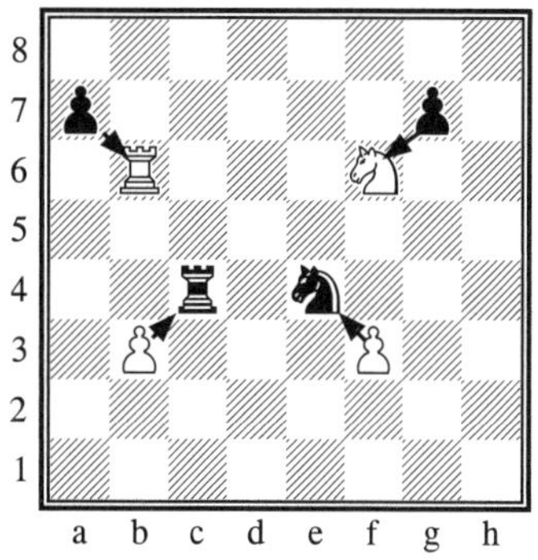

1. Entoure le diagramme qui correspond à la position obtenue après ces prises.

Diagramme n° 1

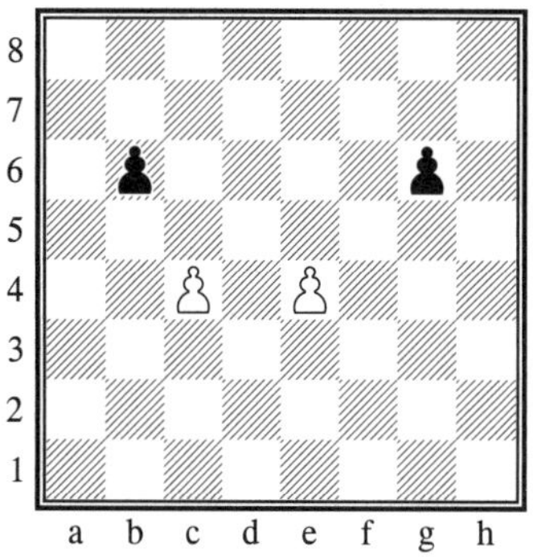

Diagramme n° 2

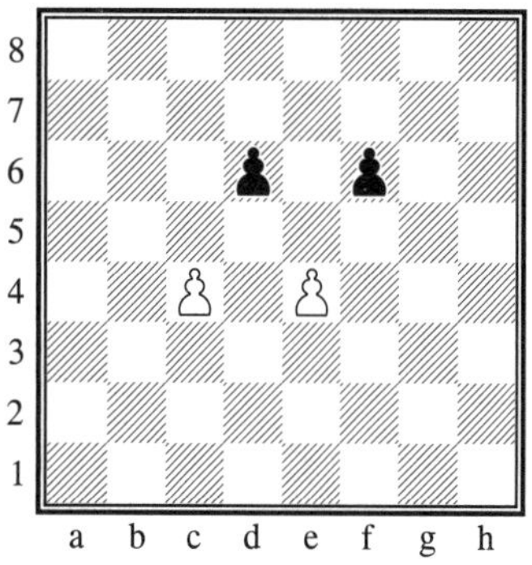

Diagramme n° 3

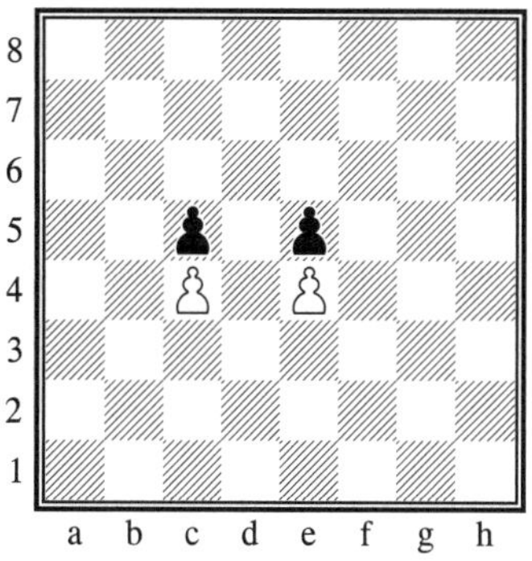

Diagramme n° 4

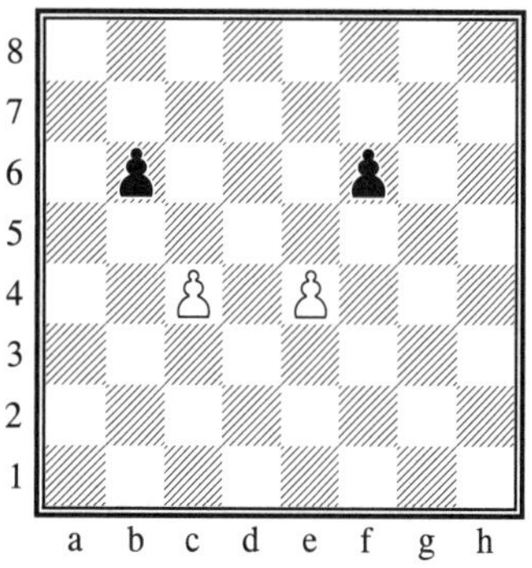

FICHE ÉLÈVE
séance 13

JEUX DE POSITION

1. **Observe** la position des pièces de ces 4 diagrammes.
2. **Complète** ces 4 tableaux en écrivant les coordonnées des pièces des diagrammes 1 à 4.
3. **Rajoute** les coordonnées qui manquent.

Tableau 1

Blancs	Noirs
Rc1 Pd2 Ff4 Dc6	

Diagramme n° 1

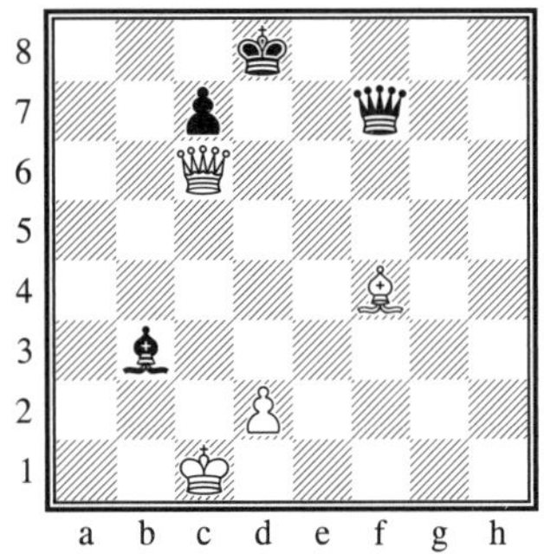

Tableau 2

Blancs	Noirs

Diagramme n° 2

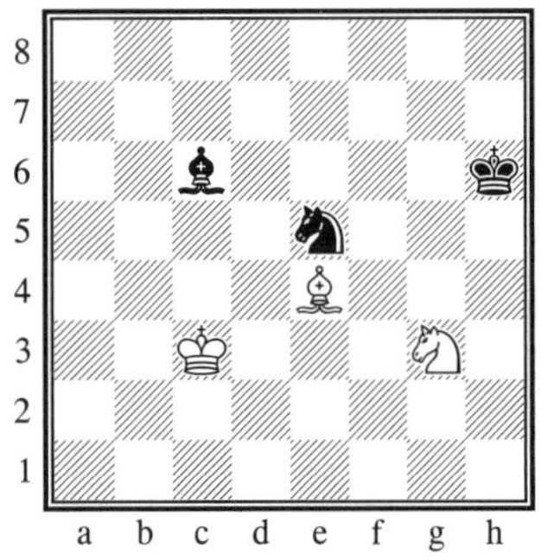

Tableau 3

Blancs	Noirs

Diagramme n° 3

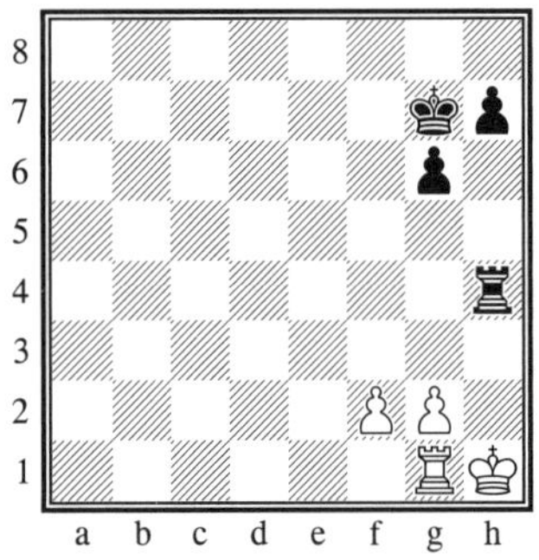

Tableau 4

Blancs	Noirs

Diagramme n° 4

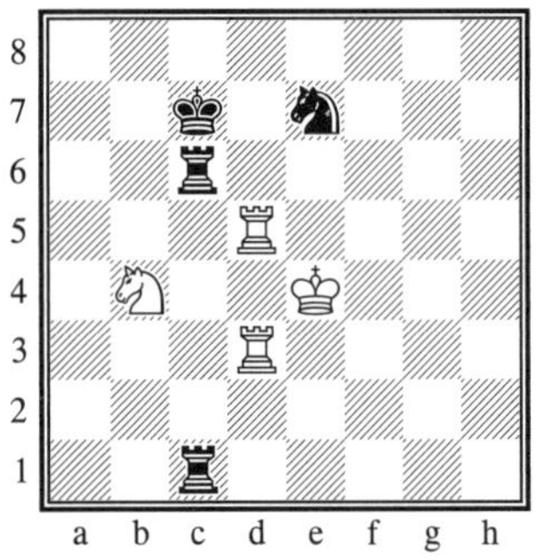

COLORIAGE

FICHE ENSEIGNANT
séance 14

LA PROTECTION DES PIÈCES

A. Organisation de la séance

L'enseignant propose sur l'échiquier mural des situations de jeu dans lesquelles une pièce n'est pas protégée. Les élèves observent et analysent ces situations. Ils cherchent à déterminer quelle est la pièce non protégée. Ils répondent sur l'ardoise ou/et le cahier d'essai. L'enseignant note les réponses au tableau et incite le groupe-classe à s'exprimer pour valider ou invalider ces propositions.

Durée de la séance

40 minutes.

Le matériel pédagogique spécifique

L'échiquier mural et ses pièces, les échiquiers individuels, des diagrammes d'exercices.

Le(s) dispositif(s) pédagogique(s)

L'échiquier mural est placé face aux élèves. Les élèves disposent d'un échiquier individuel pour deux, qui permettra de déplacer les pièces en phase de recherche ou au moment de la mise en commun des réponses.

B. Objectifs de la séance

1. Les prérequis

Les élèves doivent connaître le déplacement des pièces Roi, Dame, Tour, Fou, Cavalier pour être en mesure de vérifier que leurs pièces sont protégées. On peut considérer que la connaissance du déplacement du Pion est moins importante pour aborder cette notion de protection des pièces. L'intérêt pédagogique principal de cette notion est la présentation aux élèves de positions dans lesquelles les attaques de pièces non protégées (comme les protections) s'effectuent à distance.

2. Les objectifs pédagogiques

Objectifs généraux

- Distribuer son attention sur l'ensemble de l'échiquier.
- Effectuer sous une forme ludique un travail d'observation.
- Développer sa capacité d'abstraction :
  - S'exprimer, argumenter, justifier ses réponses depuis sa place.

Objectifs spécifiques

- Analyser les relations spatiales entre les pièces des deux camps.
- Repérer et compter mentalement les pièces qui attaquent, protègent, défendent.
- Effectuer des vérifications avant de proposer une réponse, de jouer un coup.

3. Les compétences à acquérir

- Consolider sa maîtrise du déplacement des pièces.
- Anticiper mentalement les déplacements de pièces.
- Comprendre l'importance du matériel pour prendre l'avantage (le camp qui protège le mieux ses pièces et attaque et capture les pièces non protégées de l'adversaire)

FICHE ENSEIGNANT
séance 14

LA PROTECTION DES PIÈCES

C. Déroulement de la séance en 4 phases

1. Phase de découverte (collective)

La notion de protection des pièces est essentielle aux échecs. La phase de découverte de la notion de **protection** consiste principalement en l'observation et l'analyse par les élèves de différentes positions dans lesquelles une pièce (ou, à un niveau supérieur de difficulté, une case, une rangée, une diagonale, un « secteur » de l'échiquier – aile Roi, aile Dame) n'est pas protégée. Dans les situations de jeu présentées dans cette fiche nous nous concentrerons exclusivement sur **la protection des pièces**. À l'élève de déterminer « la pièce non protégée » dans une position donnée et de justifier sa réponse en indiquant la pièce adverse qui peut la capturer.

2. Phase d'exploration (collective puis individuelle)

On propose successivement aux élèves d'observer les trois positions présentées sur les **diagrammes 1, 2 et 3**. On précise que dans chacune des trois positions **les Blancs ont le trait** et qu'une pièce noire n'est pas protégée. Ils doivent écrire la réponse sur leur ardoise ou le cahier d'essai ou encore la donner oralement, venir la montrer sur l'EM. Cette dernière consigne est la plus simple puisqu'elle ne demande pas de connaître le codage des réponses. On peut d'ailleurs saisir l'occasion d'expliquer ou/et de revoir ce codage :

Diagramme n° 1

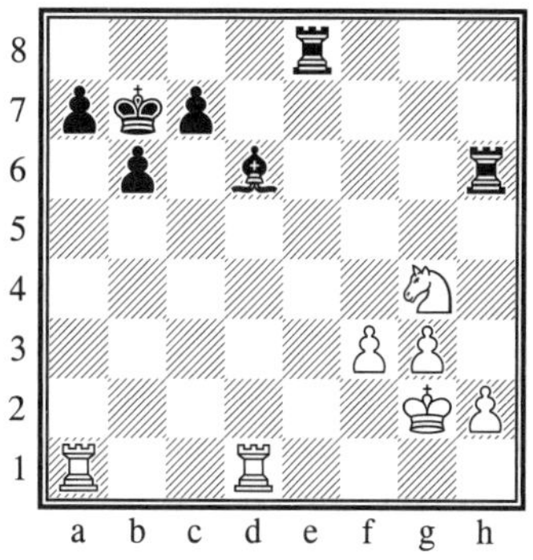

Diagramme n° 2

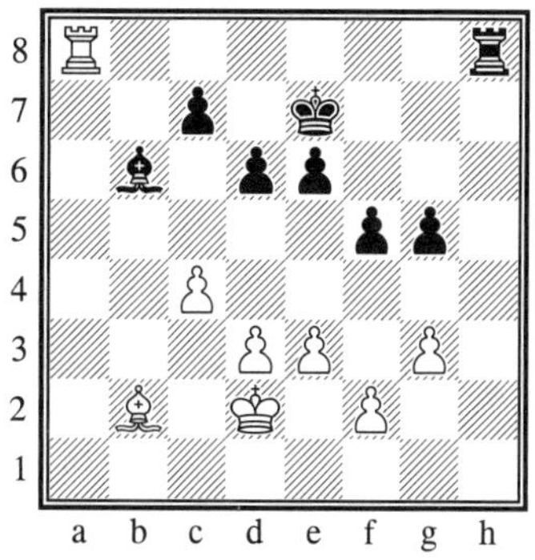

Diagramme n° 3

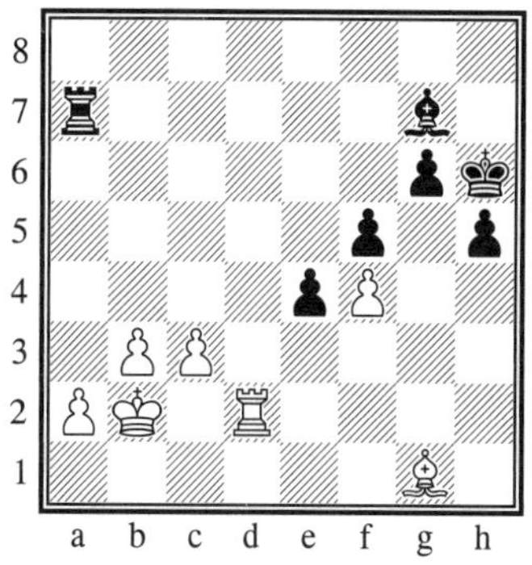

Il y a peu de pièces et les situations sont donc simples. Sur chaque diagramme, on a une Tour non protégée. Seul le diagramme 2 contient une originalité, à savoir que deux solutions existent. Voici les solutions codées :

Diagramme n° 1
Cxh6

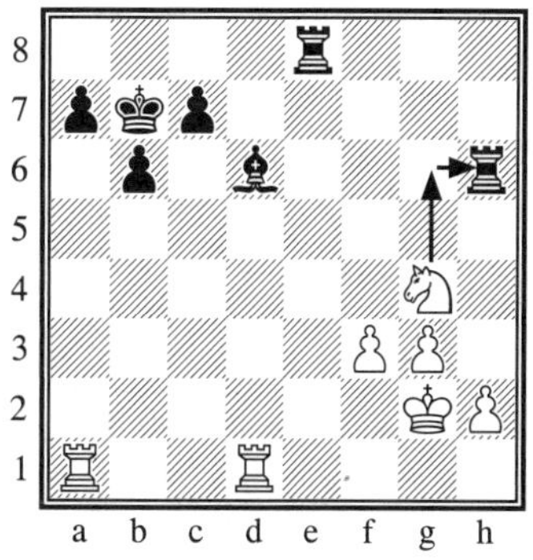

Diagramme n° 2
Txh8, Fxh8

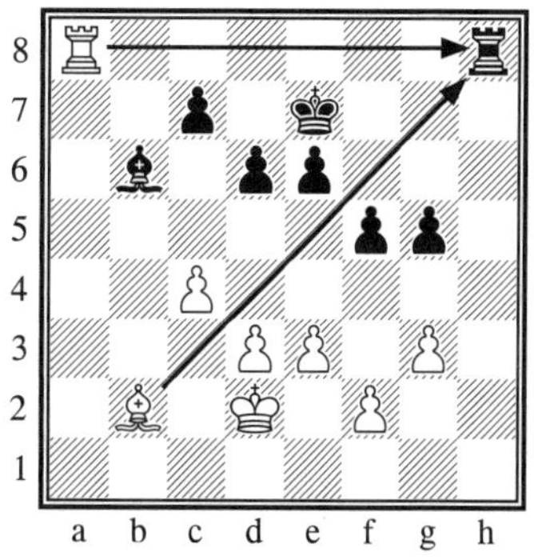

Diagramme n° 3
Fxa7

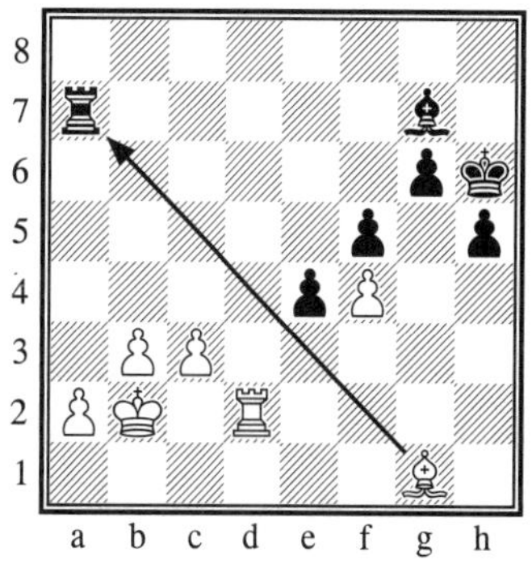

FICHE ÉLÈVE
séance 14

LA PROTECTION DES PIÈCES

3. Phase de conclusion

Les élèves vont effectuer en autonomie ou par deux la **Fiche CE2 élève « La protection des pièces ».** L'enseignant propose en fin de séance (ou au début de la séance suivante) une correction individuelle ou/et collective des exercices de la fiche élève.

Dans chaque position, entoure la pièce noire non protégée et indique par une flèche le déplacement de la pièce attaquante pour la capturer.

diagramme 1

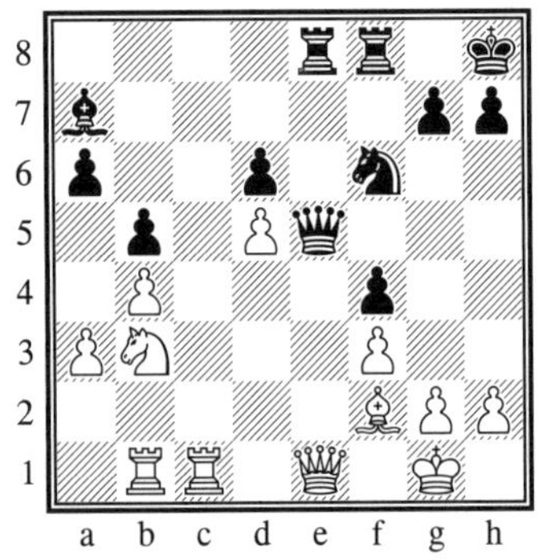

diagramme 2

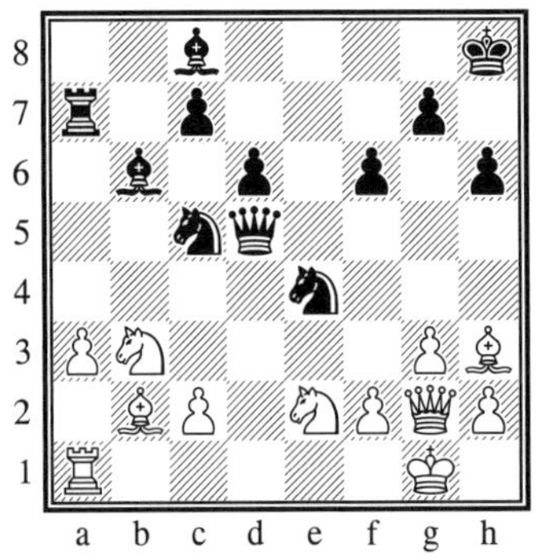

diagramme 3

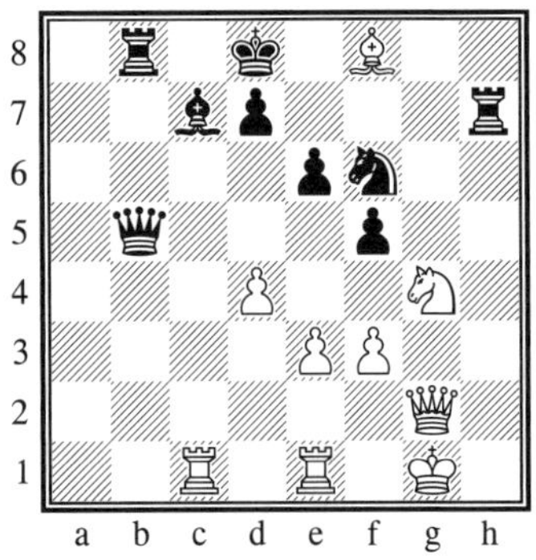

diagramme 4

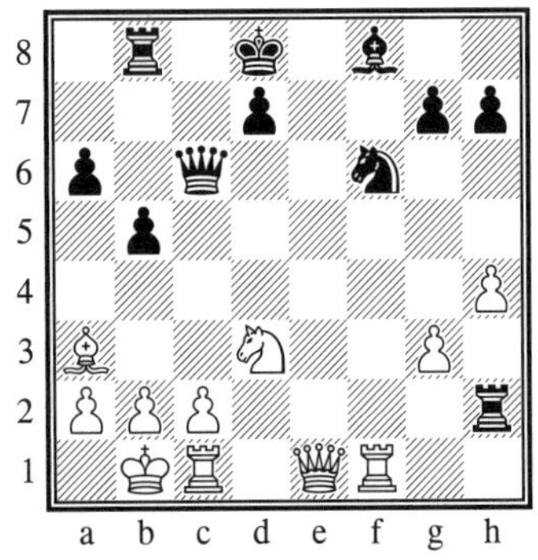

diagramme 5

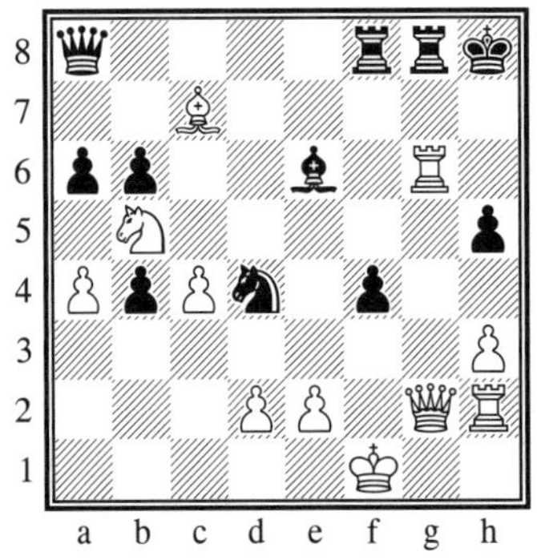

diagramme 6

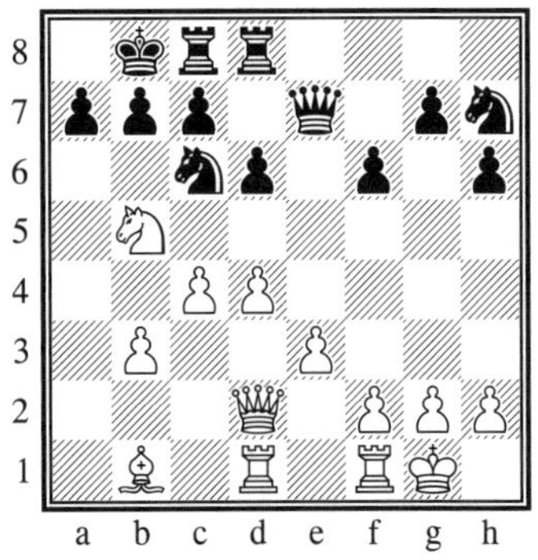

diagramme 7

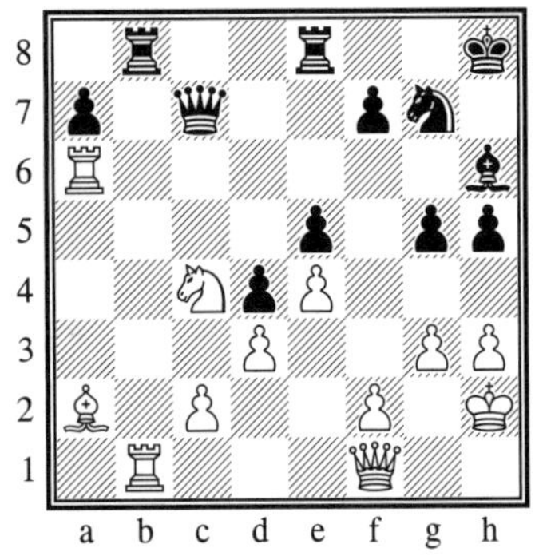

diagramme 8

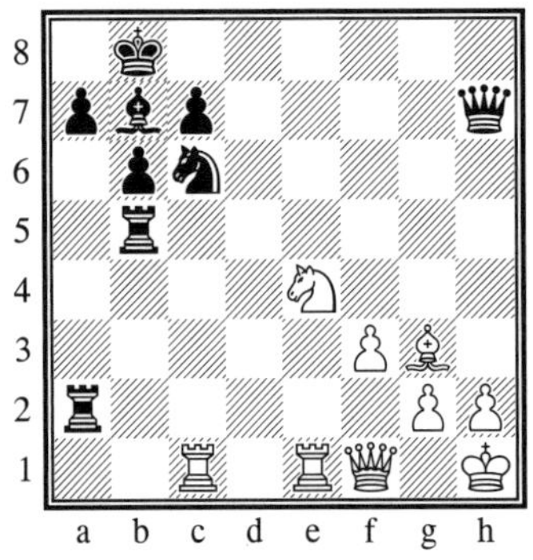

diagramme 9

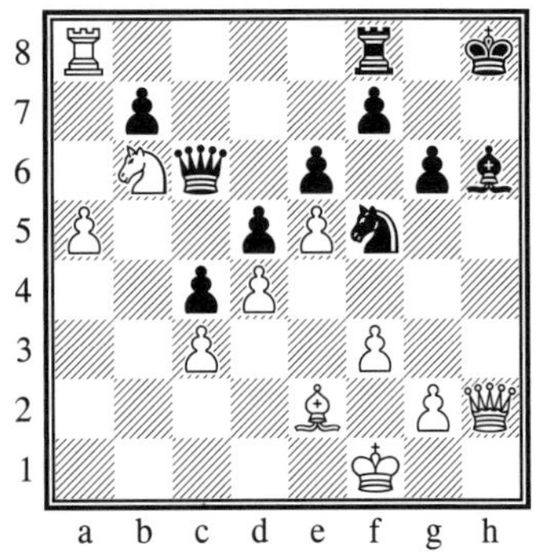

FICHE ÉLÈVE
séance 14

LA PROTECTION DES PIÈCES

Les solutions de la fiche

Solution diagramme 1

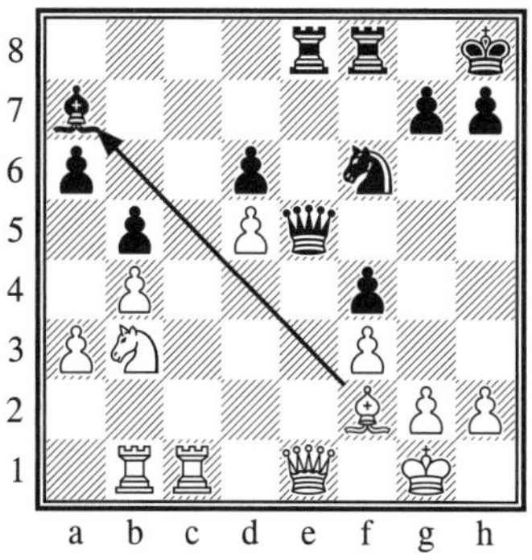

Solution diagramme 2

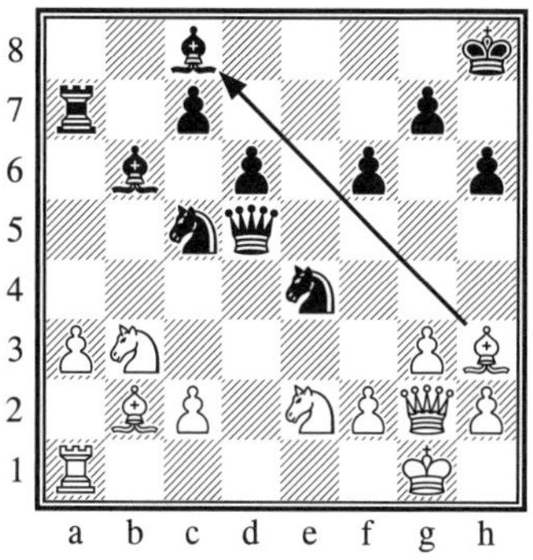

Solution diagramme 3

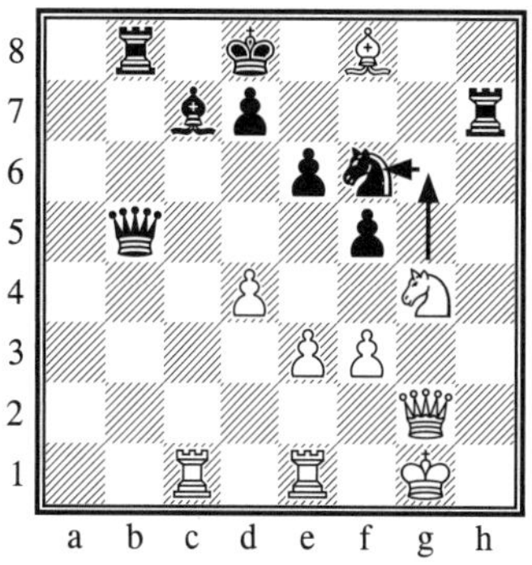

Solution diagramme 4

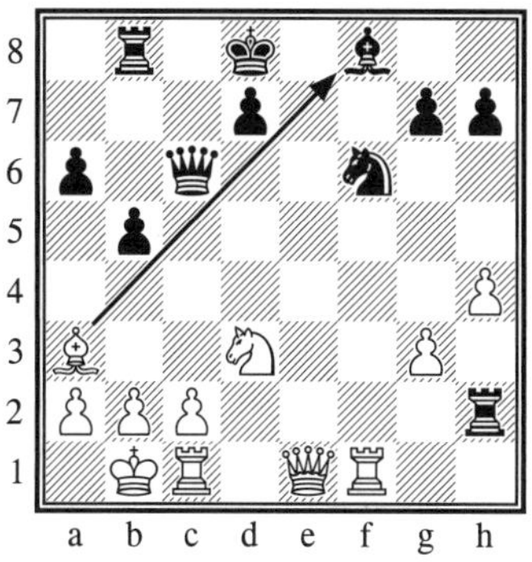

Solution diagramme 5

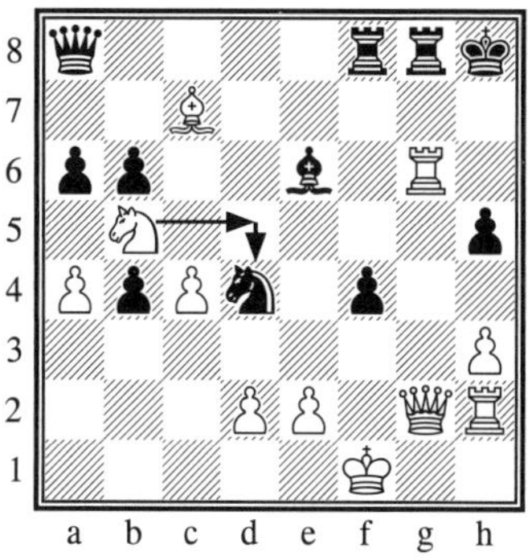

Solution diagramme 6

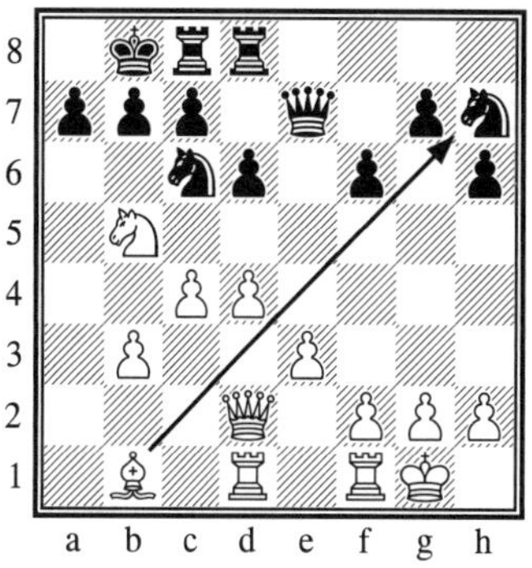

Solution diagramme 7

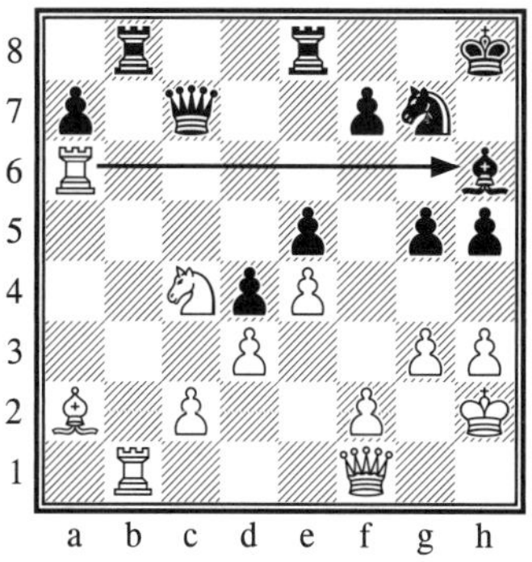

Solution diagramme 8

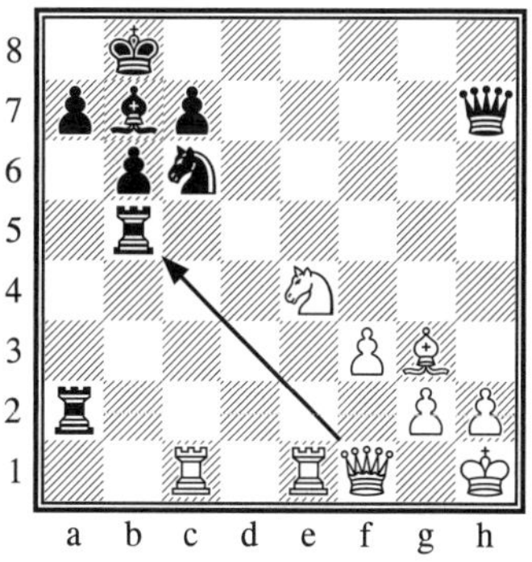

Solution diagramme 9

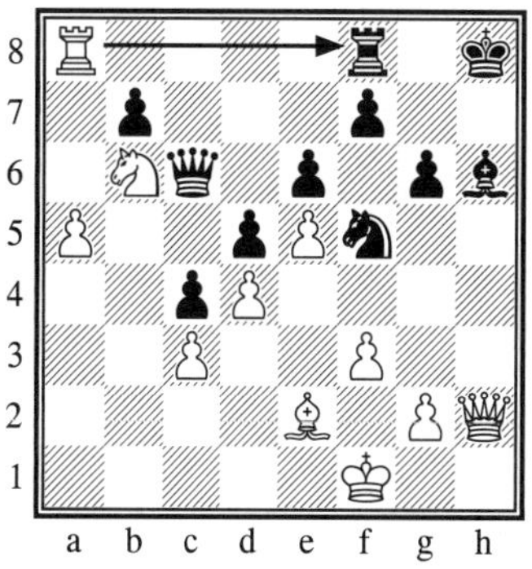

FICHE ENSEIGNANT
séance 15

APPRENDRE À ANTICIPER ET À ENVISAGER PLUSIEURS HYPOTHÈSES CONCURRENTES À TRAVERS LA CONSTRUCTION D'ARBORESCENCES

A. Organisation de la séance

Durée de la séance

45 minutes par arborescence proposée.

Le matériel pédagogique spécifique

Échiquier et pièces, panneau d'exposition.

Le(s) dispositif(s) pédagogique(s)

L'échiquier est tracé au tableau par l'enseignant. Les élèves sont face au tableau, selon une disposition frontale classique.

B. Objectifs de la séance

1. Les prérequis

- Connaître le codage et le décodage d'une case de l'échiquier.
- Connaître le déplacement de toutes les pièces.

2. Les objectifs pédagogiques

Objectifs généraux

- Envisager toutes les possibilités dans une situation donnée et les représenter :
  - Par le listage des coups possibles pour les Blancs.
  - Par le listage des réponses à chaque coup blanc pour les Noirs.
- Représenter les différentes variantes sous forme d' « arbre des possibles » ou d'arborescence simple.

Objectifs spécifiques

- Renforcer la maîtrise du déplacement de chaque pièce.
- Renforcer la connaissance de la spécificité de chaque pièce.
- Renforcer la capacité à calculer des variantes*.

*Variante : on appelle variante aux échecs une suite de coups. Dans l'arborescence des solutions complètes d'un problème, une variante serait une branche de cette arborescence.

3. Les compétences à acquérir

- La capacité à raisonner pour les deux camps et à envisager le problème d'un point de vue global et systémique (comment démontrer ?) et pas simplement d'un point de vue pratique (comment gagner ?)
- La capacité à raisonner en abstraction, à anticiper les coups de l'adversaire et à prendre en compte toutes les possibilités jusqu'aux réponses inattendues ou fausses.

FICHE ENSEIGNANT
séance 15

APPRENDRE À ANTICIPER ET À ENVISAGER PLUSIEURS HYPOTHÈSES CONCURRENTES À TRAVERS LA CONSTRUCTION D'ARBORESCENCES

C. Déroulement de la séance en 4 phases

1. Phase de découverte (collective)

L'échiquier mural est placé au tableau par l'enseignant. Les élèves sont face au tableau, selon une disposition frontale classique. On s'assure que le matériel présenté est reconnu et que la consigne est comprise.

2. Phase d'exploration (collective puis individuelle)

On débute collectivement la réflexion par la question : Quels sont les premiers coups blancs possibles ? On ne cherche pas lequel est le bon mais on incite les élèves à lister tous les coups possibles.
On demande ensuite aux élèves de compléter ou construire un arbre comportant autant de branches que de premiers coups blancs possibles. On leur demande de diviser chaque branche en autant de branches qu'il existe de répliques noires.

3. Phase d'étape

On procède à une première mise en commun permettant de valider les arborescences et de vérifier que le processus de réflexion est bien compris des élèves.

4. Phase de conclusion

Travail en autonomie. Chaque élève complète l'arborescence en inscrivant les coups dans chaque case et en envisageant chaque variante comme autant de branches jusqu'à épuisement de la situation de jeu.

FICHE ENSEIGNANT
séance 16

APPRENDRE À CONSTRUIRE DES ARBORESCENCES (1)

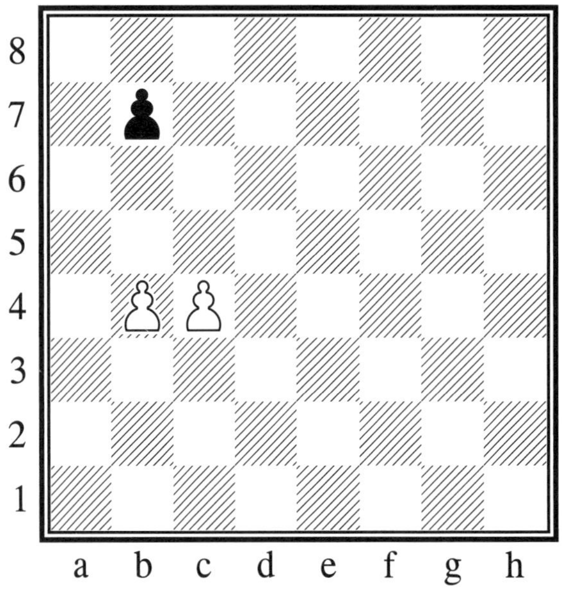

Le professeur Échecus s'est mis en tête de faire la liste de l'enchaînement de tous les coups blancs et noirs possibles à partir de cette position. Il les inscrira dans un grand tableau qui ressemble à un arbre et qu'on appelle une arborescence. Malheureusement, il ne cesse de s'embrouiller et n'arrive pas à trouver une méthode pour expliquer les différentes variantes qui peuvent être jouées à partir de cette situation. Il a bien essayé de faire un tableau mais il est trop découragé pour le remplir. Peux-tu l'aider ?

Démarche envisagée :

1. La position est proposée sur l'échiquier mural. On peut commencer par demander aux élèves de lister les premiers coups blancs possibles. La réponse ici est 1.b5 et 1.c5. Ces coups sont ensuite notés en bas du tableau.
2. On demande ensuite aux élèves quel coup les Noirs peuvent jouer après 1.b5. On demande enfin quel coup les Noirs peuvent jouer après 1.c5. Après validation, on écrit ces coups au tableau et on les range dans un arbre (cf. modèle infra)
3. On demande aux élèves de compléter seuls l'arborescence proposée. Ils ont droit à l'échiquier. Des regroupements sont envisageables.

FICHE ENSEIGNANT
séance 16

APPRENDRE À CONSTRUIRE DES ARBORESCENCES (1)

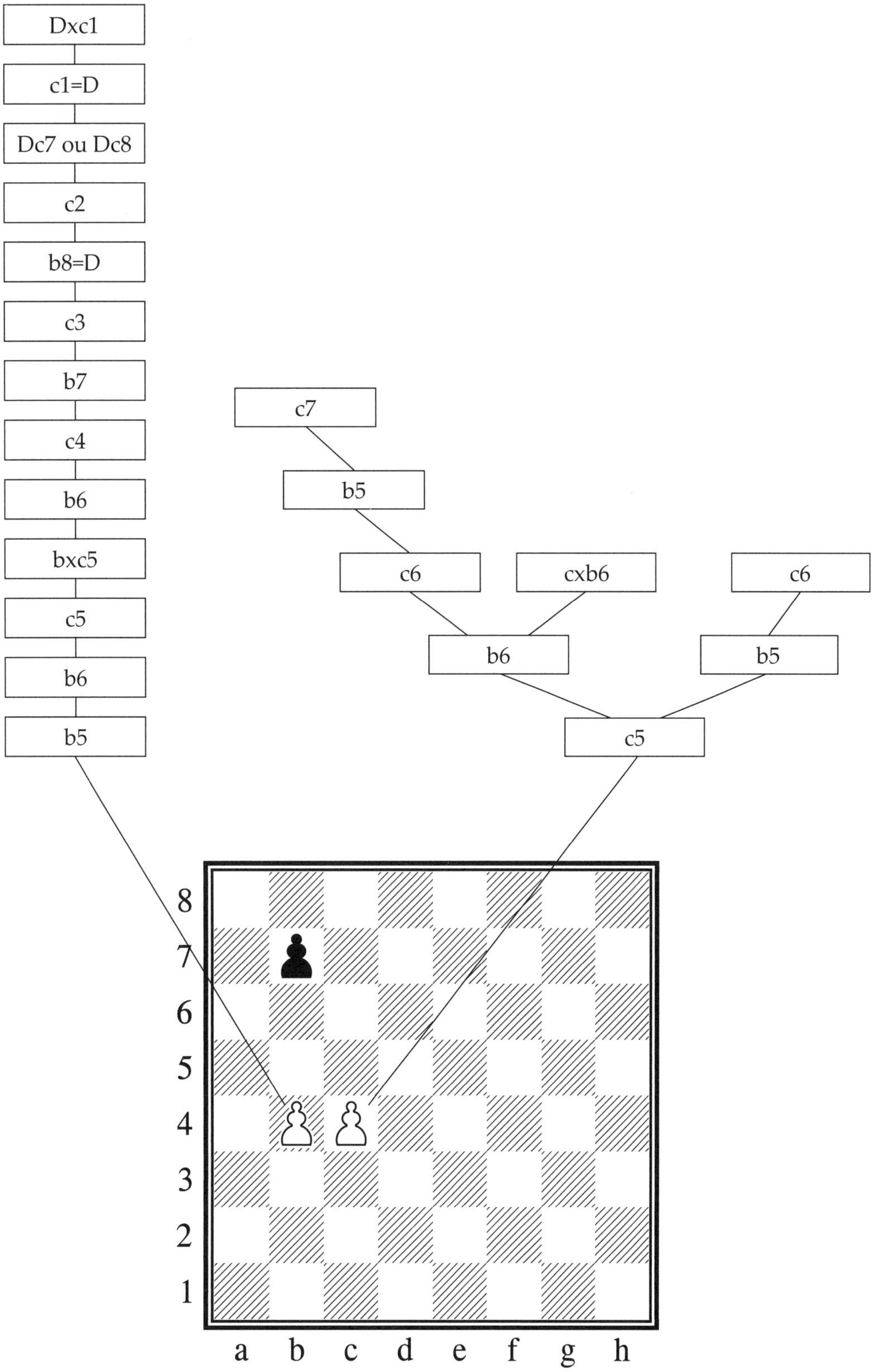

FICHE ÉLÈVE
séance **16**

APPRENDRE À CONSTRUIRE DES ARBORESCENCES (1)

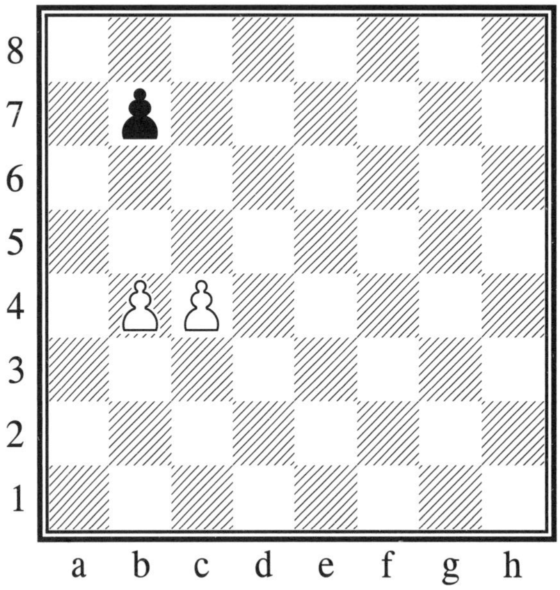

Le professeur Échecus s'est mis en tête de faire la liste de l'enchaînement de tous les coups blancs et noirs possibles à partir de cette position. Il les inscrira dans un grand tableau qui ressemble à un arbre et qu'on appelle une arborescence. Malheureusement, il ne cesse de s'embrouiller et n'arrive pas à trouver une méthode pour expliquer les différentes variantes qui peuvent être jouées à partir de cette situation. Il a bien essayé de faire un tableau mais il est trop découragé pour le remplir. Peux-tu l'aider ?

FICHE ÉLÈVE
séance 16

APPRENDRE À CONSTRUIRE DES ARBORESCENCES (1)

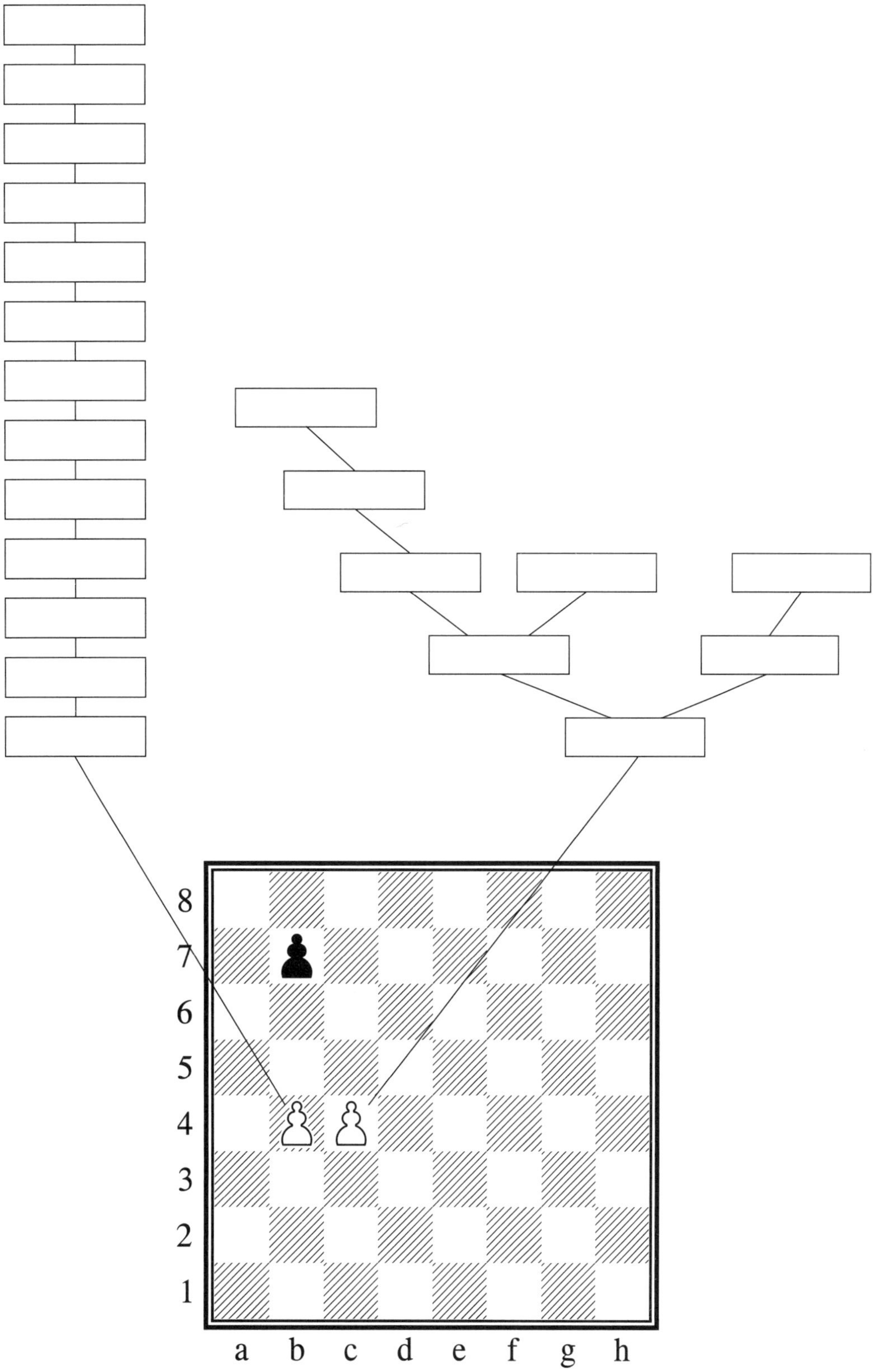

FICHE ENSEIGNANT
séance 17

APPRENDRE À ANTICIPER ET À ENVISAGER PLUSIEURS HYPOTHÈSES CONCURRENTES À TRAVERS LA CONSTRUCTION D'ARBORESCENCES (1)

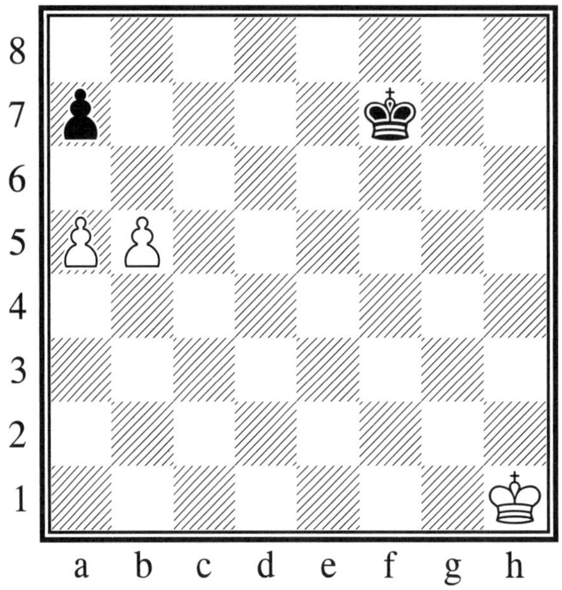

Le professeur Échecus s'est mis en tête de faire la liste de tous les coups possibles à partir de cette position et de les inscrire dans un grand tableau qui ressemble à un arbre et qu'on appelle une arborescence. Malheureusement, il ne cesse de s'embrouiller et n'arrive pas à trouver une méthode pour expliquer les différentes variantes qui peuvent être jouées à partir de cette situation. Il a bien essayé de faire un tableau mais il est trop découragé pour le remplir. Peux-tu l'aider ?

Pour rendre l'exercice réalisable et lui conserver toute sa cohérence, nous avons retenu l'hypothèse où le Roi noir joue les coups les plus logiques (à savoir essayer d'attraper les pions blancs), à commencer par Re7. Le cas échéant, il est possible de jouer la situation contre les élèves en guise de préambule à l'exercice, de sorte que les élèves élimineront d'eux-mêmes d'autres possibilités qu'on ne rencontrerait pas en pratique.

FICHE ENSEIGNANT séance 17

APPRENDRE À ANTICIPER ET À ENVISAGER PLUSIEURS HYPOTHÈSES CONCURRENTES À TRAVERS LA CONSTRUCTION D'ARBORESCENCES (1)

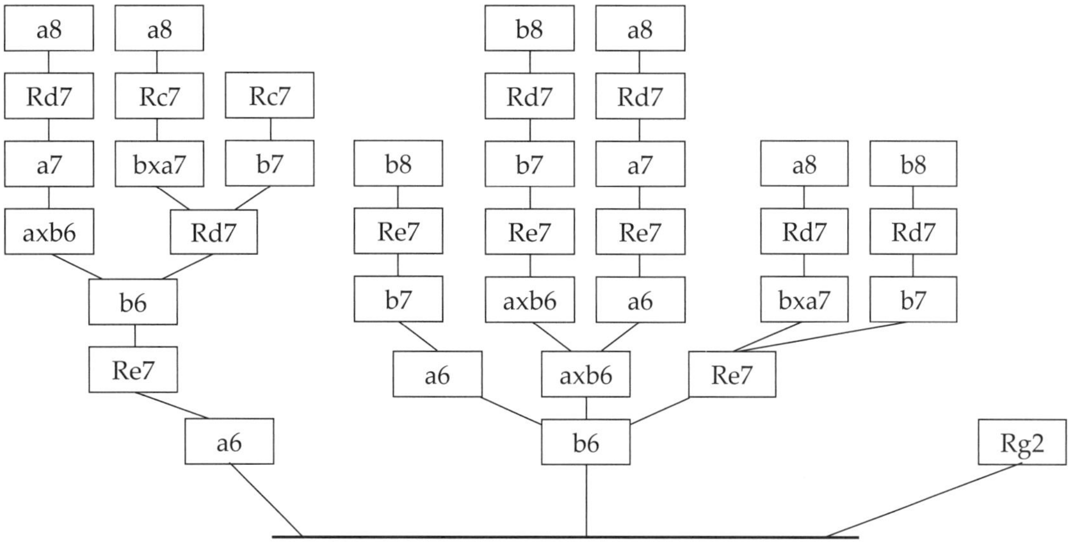

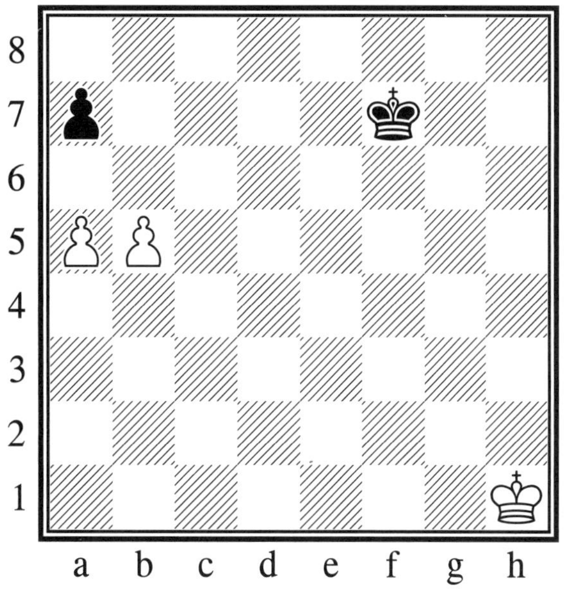

Si le degré de difficulté apparent bloque certains, il est tout à fait possible de répartir le travail en 4 groupes : groupe 1, la variante 1.b6 a6 ; groupe 2 la variante 1.b6 axb6 ; groupe 3 la variante 1.b6 Re7 ; le groupe 4 la variante 1.a6. Tout dépend du niveau du groupe-classe et de la rapidité des élèves. Il est possible aussi de fréquemment proposer des mises en commun pour ne « perdre » personne en route.

FICHE ÉLÈVE
séance 17

APPRENDRE À ANTICIPER ET À ENVISAGER PLUSIEURS HYPOTHÈSES CONCURRENTES À TRAVERS LA CONSTRUCTION D'ARBORESCENCES (1)

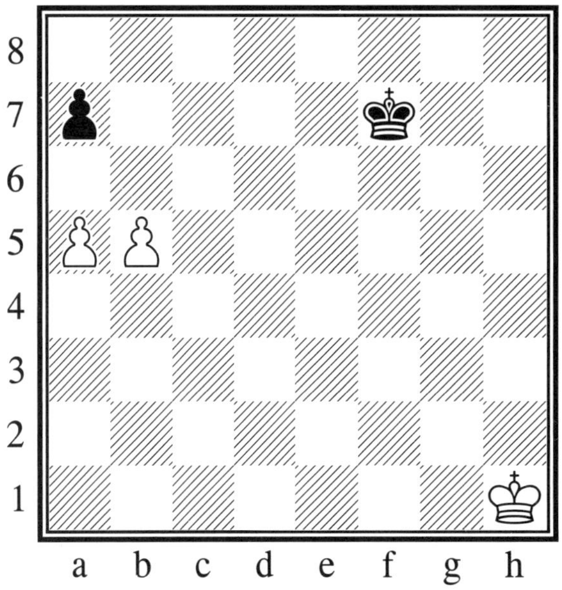

Le professeur Échecus s'est mis en tête de faire la liste de tous les coups possibles à partir de cette position et de les inscrire dans un grand tableau qui ressemble à un arbre et qu'on appelle une arborescence. Malheureusement, il ne cesse de s'embrouiller et n'arrive pas à trouver une méthode pour expliquer les différentes variantes qui peuvent être jouées à partir de cette situation. Il a bien essayé de faire un tableau mais il est trop découragé pour le remplir. Peux-tu l'aider ?

FICHE ÉLÈVE
séance 17

APPRENDRE À ANTICIPER ET À ENVISAGER PLUSIEURS HYPOTHÈSES CONCURRENTES À TRAVERS LA CONSTRUCTION D'ARBORESCENCES (1)

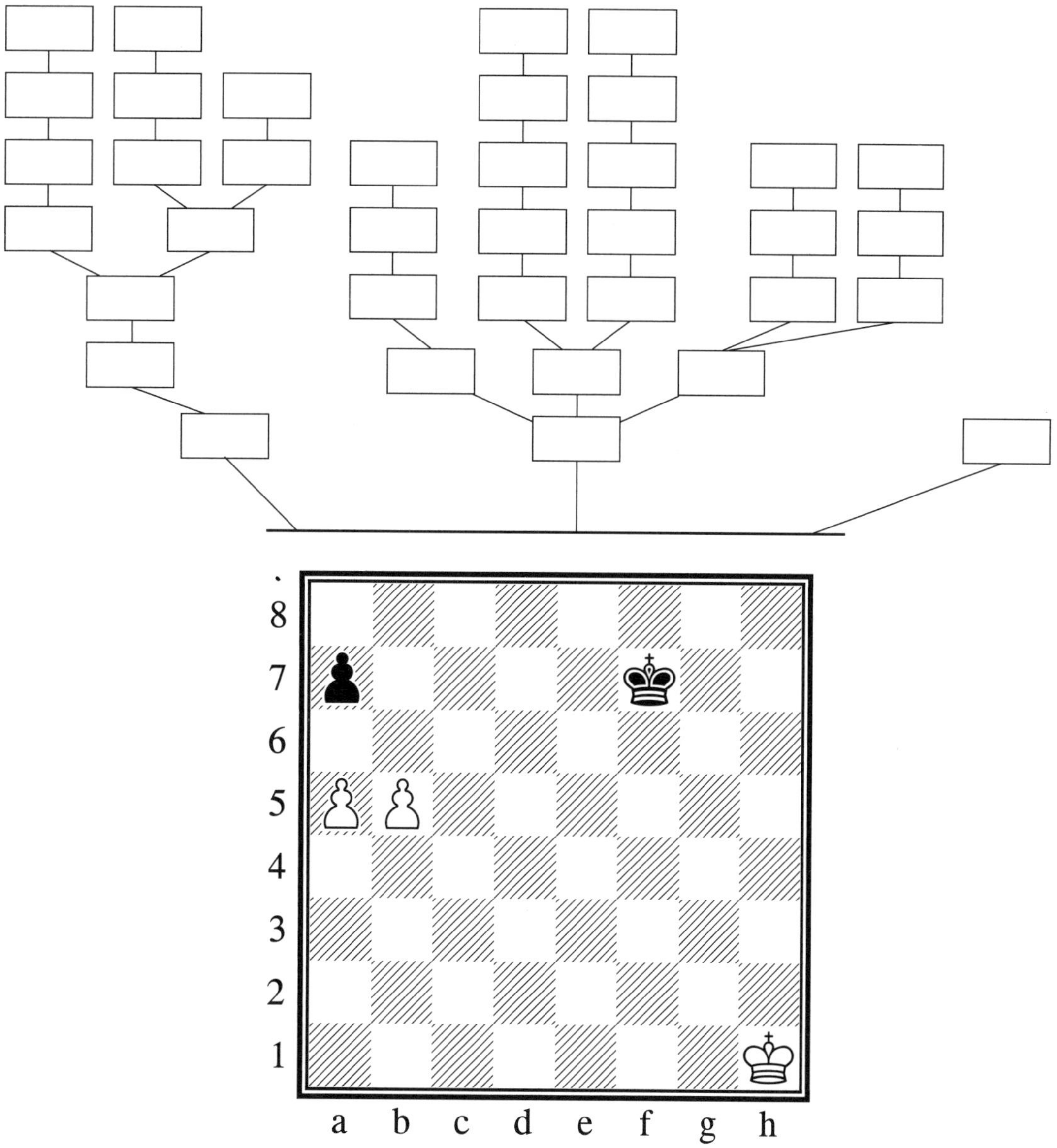

FICHE ENSEIGNANT séance 18 — APPRENDRE À ANTICIPER ET À ENVISAGER PLUSIEURS HYPOTHÈSES CONCURRENTES À TRAVERS LA CONSTRUCTION D'ARBORESCENCES (2)

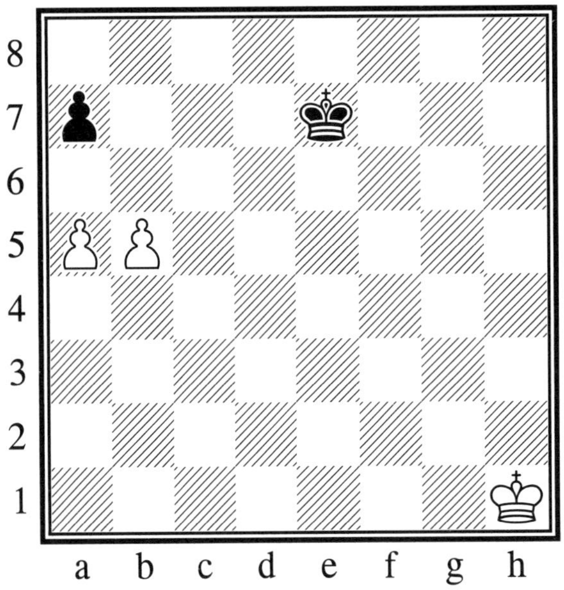

Le professeur Échecus s'est mis en tête de faire la liste de tous les coups possibles à partir de cette position et de les inscrire dans un grand tableau qui ressemble à un arbre et qu'on appelle une arborescence. Malheureusement, il ne parvient pas à faire ce tableau et il est trop découragé pour le remplir. Peux-tu l'aider à fabriquer le tableau et à le compléter ?

Pour rendre l'exercice réalisable et lui conserver toute sa cohérence, nous avons retenu l'hypothèse où le Roi noir joue les coups les plus logiques (à savoir essayer d'attraper les pions blancs), à commencer par Re7. Le cas échéant, il est possible de jouer la situation contre les élèves en guise de préambule à l'exercice, de sorte que les élèves élimineront d'eux-mêmes d'autres possibilités qu'on ne rencontrerait pas en pratique.

FICHE ENSEIGNANT
séance 18

APPRENDRE À ANTICIPER ET À ENVISAGER PLUSIEURS HYPOTHÈSES CONCURRENTES À TRAVERS LA CONSTRUCTION D'ARBORESCENCES (2)

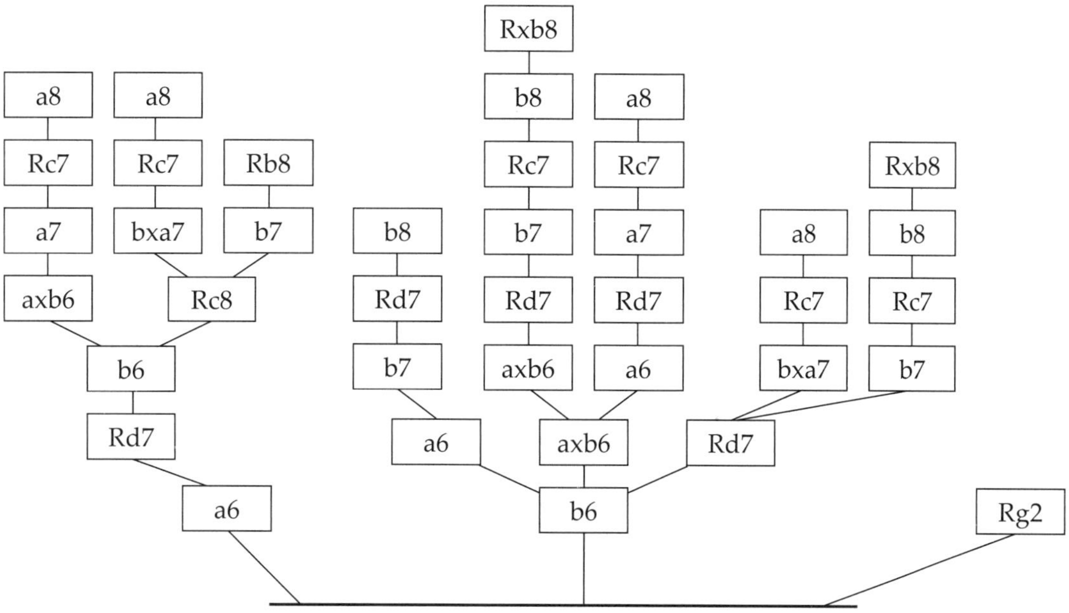

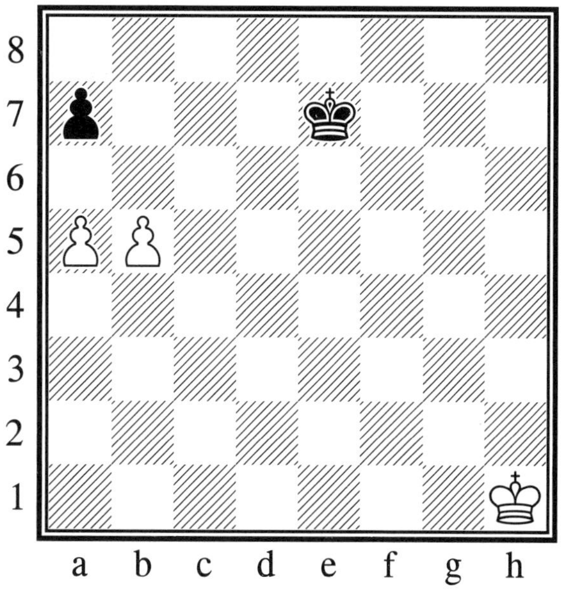

Si le degré de difficulté apparent bloque certains, notamment pour la fabrication de l'arborescence, il est tout à fait possible de répartir le travail en 4 groupes : groupe 1, la variante 1.b6 a6 ; groupe 2 la variante 1.b6 axb6 ; groupe 3 la variante 1.b6 Rd7 ; le groupe 4 la variante 1.a6. Tout dépend du niveau du groupe-classe et de la rapidité des élèves. Il est possible aussi de fréquemment proposer des mises en commun pour ne « perdre » personne en route.

FICHE ÉLÈVE
séance 18

APPRENDRE À ANTICIPER ET À ENVISAGER PLUSIEURS HYPOTHÈSES CONCURRENTES À TRAVERS LA CONSTRUCTION D'ARBORESCENCES (2)

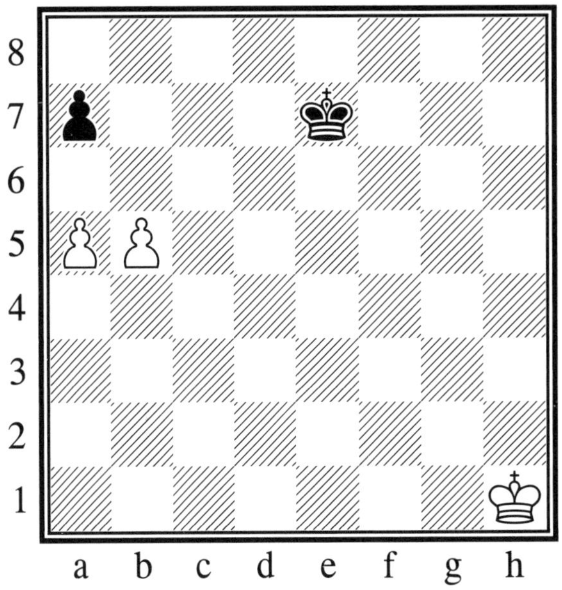

Le professeur Échecus s'est mis en tête de faire la liste de tous les coups possibles à partir de cette position et de les inscrire dans un grand tableau qui ressemble à un arbre et qu'on appelle une arborescence. Malheureusement, il ne parvient pas à faire ce tableau et il est trop découragé pour le remplir. Peux-tu l'aider à fabriquer le tableau et à le compléter ?

FICHE ÉLÈVE
séance 18

APPRENDRE À ANTICIPER ET À ENVISAGER PLUSIEURS HYPOTHÈSES CONCURRENTES À TRAVERS LA CONSTRUCTION D'ARBORESCENCES (2)

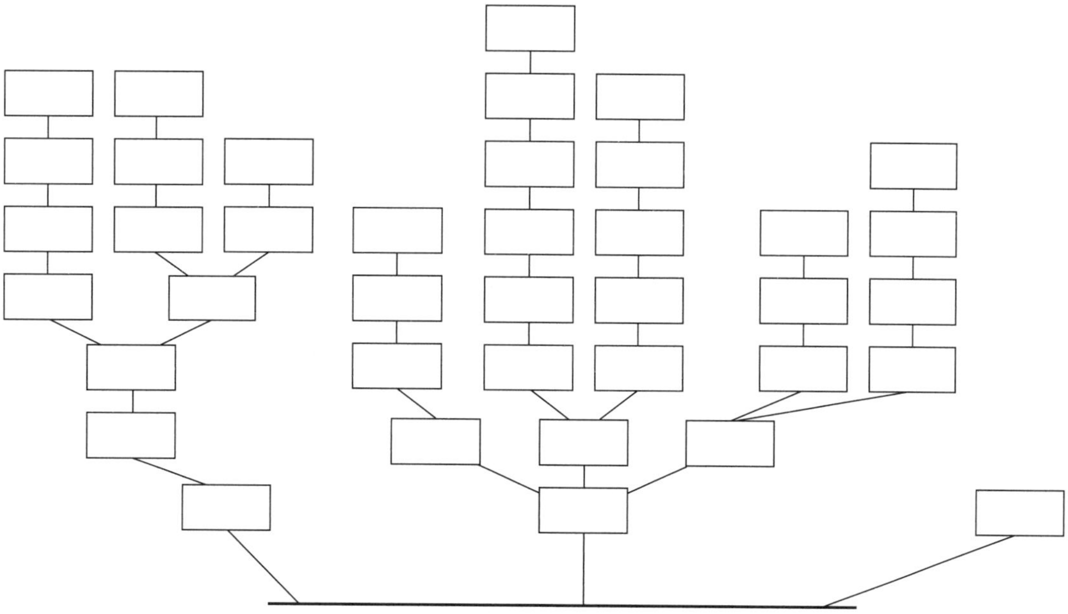

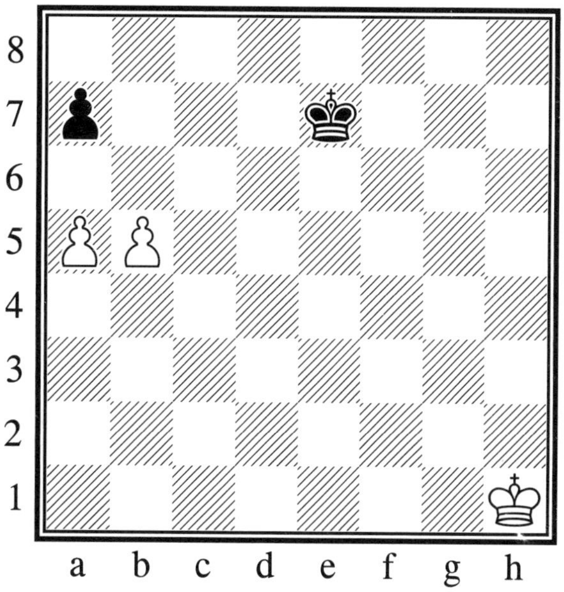

FICHE ENSEIGNANT
séance 19

APPRENDRE À ANTICIPER ET À ENVISAGER PLUSIEURS HYPOTHÈSES CONCURRENTES À TRAVERS LA CONSTRUCTION D'ARBORESCENCES (3)

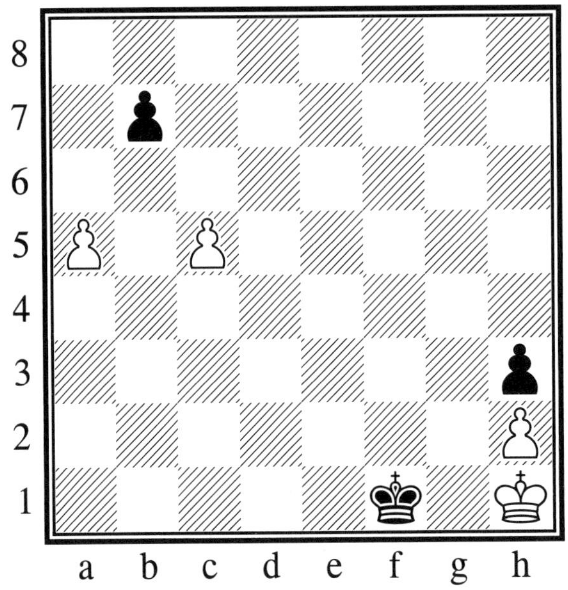

Le professeur Échecus est persuadé que les Blancs réussissent à gagner à partir de cette position. Pour le prouver, il s'est mis en tête de faire la liste de tous les premiers coups possibles et de les inscrire dans un grand tableau qui ressemble à un arbre et qu'on appelle une arborescence. Malheureusement, il ne cesse de s'embrouiller et n'arrive pas à trouver une méthode pour expliquer les différentes variantes qui peuvent être jouées à partir de cette situation. Il a bien essayé de faire un tableau mais il est trop découragé pour le remplir. Peux-tu l'aider à prouver que les Blancs peuvent l'emporter dans chaque variante s'ils jouent correctement ?

Nota bene :
- On privilégie dans l'arborescence les solutions les plus logiques. Par souci de gain de temps et de place, l'arborescence est volontiers tronquée : ainsi quand les Blancs ont la possibilité de pousser un de leurs deux pions, ils avancent le mieux placé pour aller à la promotion.
- Les Rois n'interviennent pas dans la solution. Ils ne sont là que par « obligation légale ». On ne les bougera donc pas et ils n'apparaîtront pas dans l'arborescence. Vous pouvez indiquer cet élément aux élèves avant le début de la réflexion.

FICHE ENSEIGNANT
séance 19

APPRENDRE À ANTICIPER ET À ENVISAGER PLUSIEURS HYPOTHÈSES CONCURRENTES À TRAVERS LA CONSTRUCTION D'ARBORESCENCES (3)

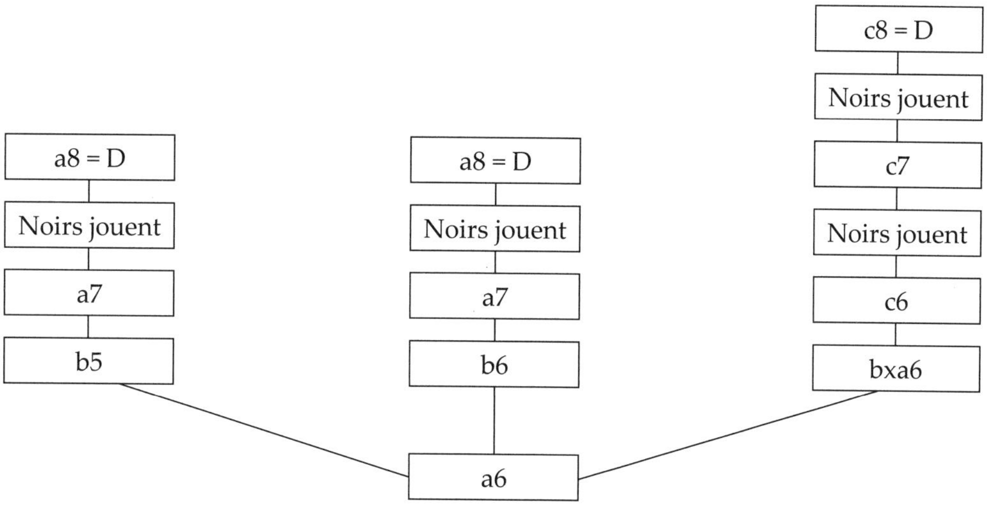

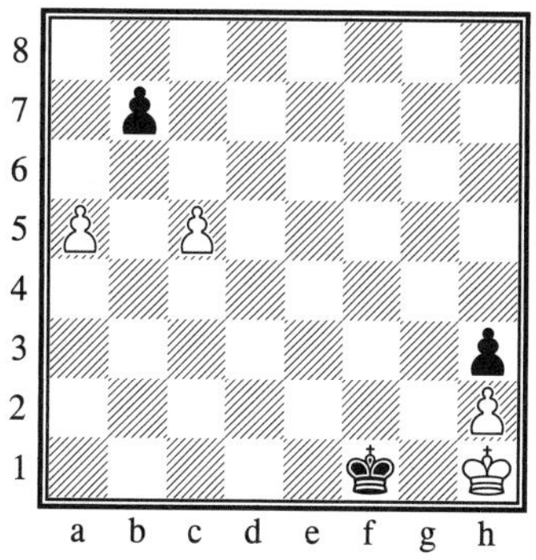

FICHE ÉLÈVE
séance 19

APPRENDRE À ANTICIPER ET À ENVISAGER PLUSIEURS HYPOTHÈSES CONCURRENTES À TRAVERS LA CONSTRUCTION D'ARBORESCENCES (3)

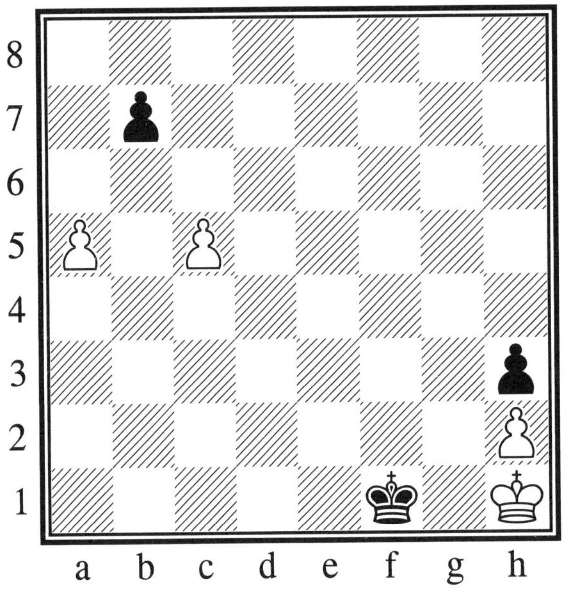

Le professeur Échecus est persuadé que les Blancs réussissent à gagner à partir de cette position. Pour le prouver, il s'est mis en tête de faire la liste de tous les premiers coups possibles et de les inscrire dans un grand tableau qui ressemble à un arbre et qu'on appelle une arborescence. Malheureusement, il ne cesse de s'embrouiller et n'arrive pas à trouver une méthode pour expliquer les différentes variantes qui peuvent être jouées à partir de cette situation. Il a bien essayé de faire un tableau mais il est trop découragé pour le remplir. Peux-tu l'aider à prouver que les Blancs peuvent l'emporter dans chaque variante s'ils jouent correctement ?

FICHE ÉLÈVE
séance 19

APPRENDRE À ANTICIPER ET À ENVISAGER PLUSIEURS HYPOTHÈSES CONCURRENTES À TRAVERS LA CONSTRUCTION D'ARBORESCENCES (3)

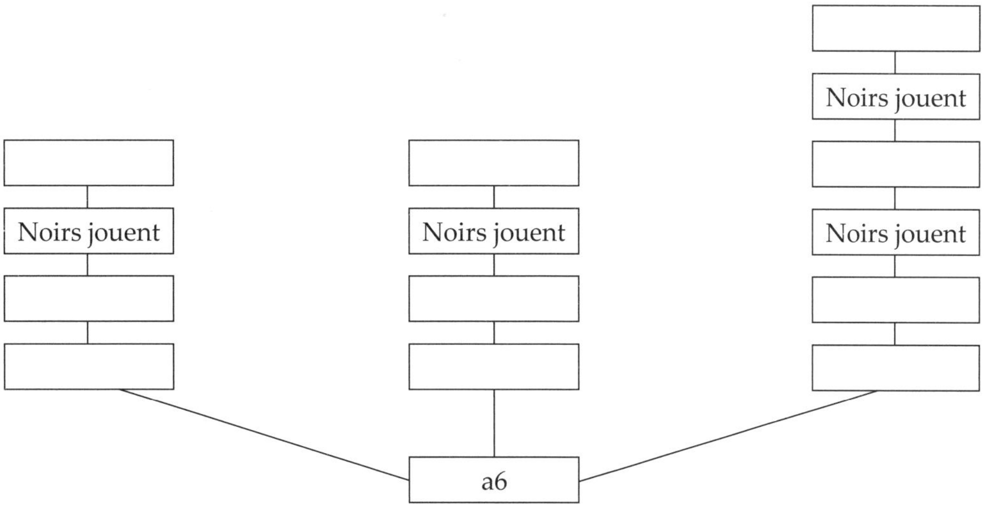

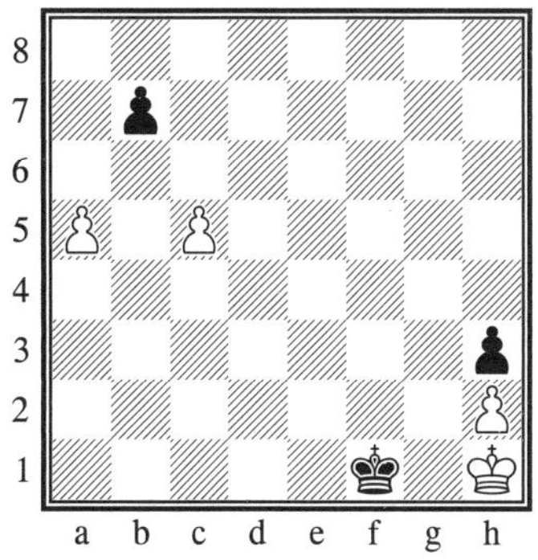

FICHE ENSEIGNANT
séance 20

APPRENDRE À ANTICIPER ET À ENVISAGER PLUSIEURS HYPOTHÈSES CONCURRENTES À TRAVERS DES JEUX DE DÉFIS

A. Organisation de la séance

Durée de la séance

5 à 20 minutes par défi proposé.

Le matériel pédagogique spécifique

Échiquier et pièces.

Le(s) dispositif(s) pédagogique(s)

L'échiquier est tracé au tableau par l'enseignant. Les élèves sont face au tableau, selon une disposition frontale classique.

B. Objectifs de la séance

1. Les prérequis

- Connaître le codage et le décodage d'une case de l'échiquier.
- Connaître le déplacement de toutes les pièces.

2. Les objectifs pédagogiques

Objectifs généraux

- Élaborer une stratégie de jeu qui prenne en compte les réponses de l'adversaire :
  - Par le listage des coups adverses possibles.
  - Par élimination des hypothèses erronées
  - Par recherche d'une réponse aux coups adverses recensés.

Objectifs spécifiques

- Renforcer la maîtrise du déplacement de chaque pièce.
- Renforcer la connaissance de la spécificité de chaque pièce.
- Renforcer la capacité à calculer des variantes*.

*Variante : on appelle variante aux échecs une suite de coups. Dans l'arborescence des solutions complètes d'un problème, une variante serait une branche de cette arborescence.

3. Les compétences à acquérir

- Se confronter à un adversaire dans une situation donnée et être capable de jouer la situation d'un côté ou de l'autre de l'échiquier.
- La capacité à raisonner en abstraction, à anticiper les coups de l'adversaire et à s'adapter aux réponses inattendues.

FICHE ENSEIGNANT
séance 20

APPRENDRE À ANTICIPER ET À ENVISAGER PLUSIEURS HYPOTHÈSES CONCURRENTES À TRAVERS DES JEUX DE DÉFIS

C. Déroulement de la séance en 4 phases

1. Phase de découverte (collective)

L'échiquier mural est placé au tableau par l'enseignant. Les élèves sont face au tableau, selon une disposition frontale classique. On s'assure que le matériel présenté est reconnu et que la consigne est comprise.

2. Phase de confrontation (un contre un, deux contre deux ou trois contre trois selon les effectifs et les objectifs recherchés)

On lance la confrontation. Les deux camps doivent noter les coups. On passera de table en table pour voir l'évolution des confrontations et prendre connaissance de la maîtrise ou non chez les élèves des règles de déplacement élémentaires, ainsi que de leur capacité à anticiper le coup de leur adversaire.

3. Phase d'étape

On procède à une première mise en commun dans laquelle on insistera particulièrement sur l'élaboration d'une technique pour l'emporter **systématiquement**. Dans un premier temps, on invitera les élèves à s'exprimer sur les difficultés rencontrées, dans un second temps à proposer des solutions pour les surmonter.

4. Phase de conclusion

On inverse les rôles. Les deux camps jouent alternativement en notant les coups. On peut une dernière fois inverser les rôles ensuite de telle sorte que chaque élève ou chaque groupe d'élèves aura réussi à remporter le défi au moins une fois.

FICHE ENSEIGNANT
Défi 1

DAME CONTRE CAVALIER

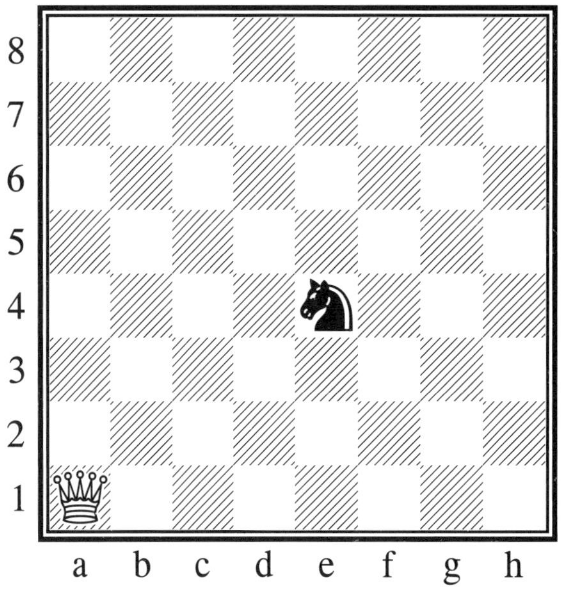

On dispose une Dame blanche en a1 et un Cavalier noir en e4. Le but du jeu : la Dame blanche doit prendre le Cavalier en le minimum de coups possibles. Le Cavalier essaie de s'échapper aussi longtemps que possible. Pour compliquer la tâche, les Noirs commencent.

Jusqu'ici, les défis proposés consistaient à capturer des pions dont le déplacement linéaire facilitait cette démarche d'anticipation. Ici, il s'agit de capturer un Cavalier dont les mouvements sont beaucoup plus imprévisibles et se font en tous sens.

On doit dégager trois idées importantes de la première mise en commun :

Le Cavalier ne peut être attrapé par la Dame s'il est au centre de l'échiquier. Il ne peut être attrapé que lorsqu'il se trouve acculé à la bande ou sur les colonnes b et g ou les rangées 2 et 7.

FICHE ENSEIGNANT
Défi 1

DAME CONTRE CAVALIER

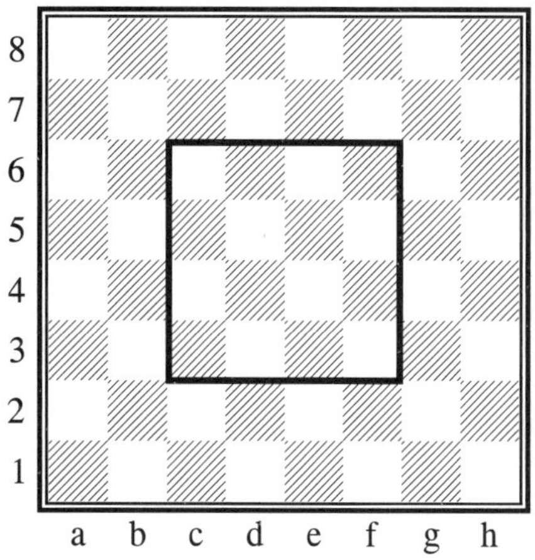

Grand centre.

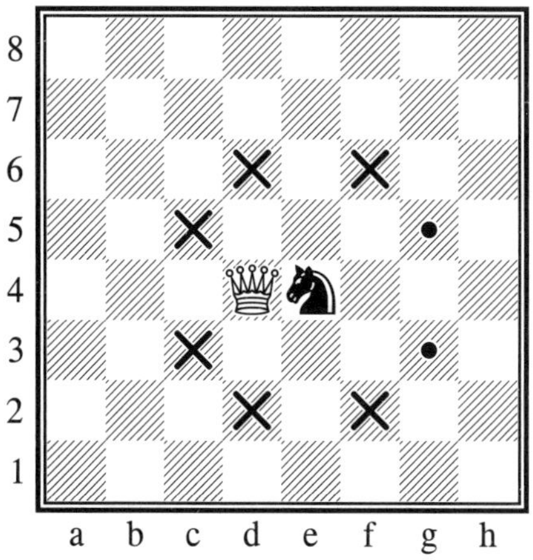

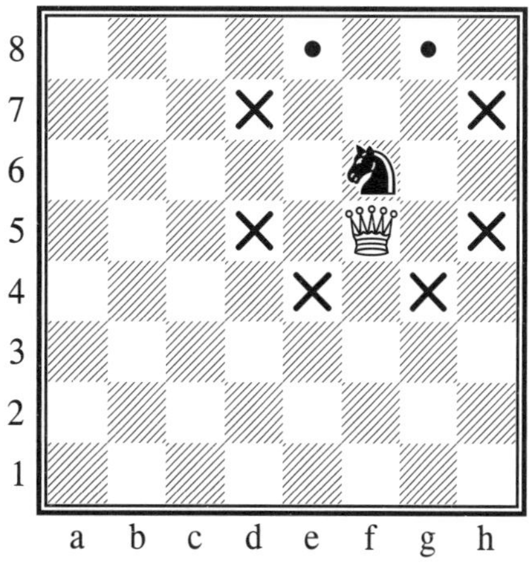

Sur les cases du grand centre, le Cavalier ne peut pas être attrapé…

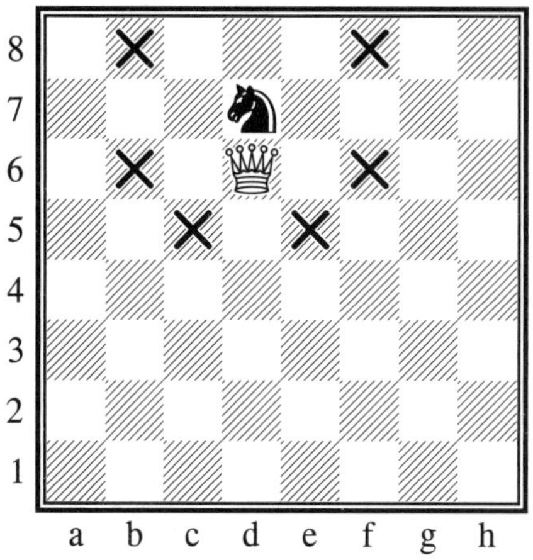

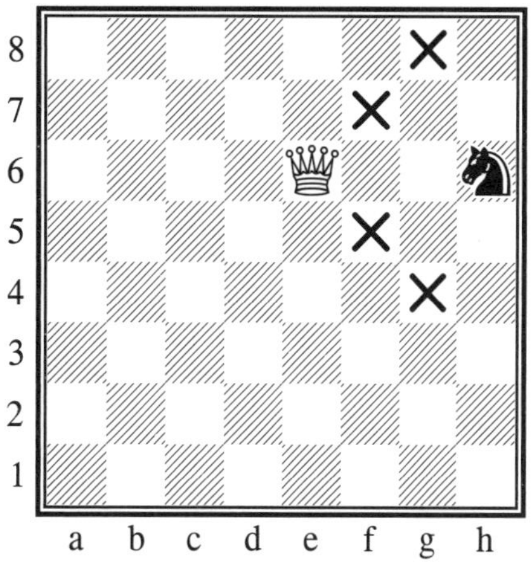

Hors du carré central, le Cavalier est très vulnérable car il dispose d'emblée de moins de possibilités de déplacements.

FICHE ENSEIGNANT
Défi 1

DAME CONTRE CAVALIER

Pour attraper le Cavalier, la Dame ne doit pas chercher à attaquer le Cavalier mais à le repousser progressivement dans la zone de l'échiquier approprié.

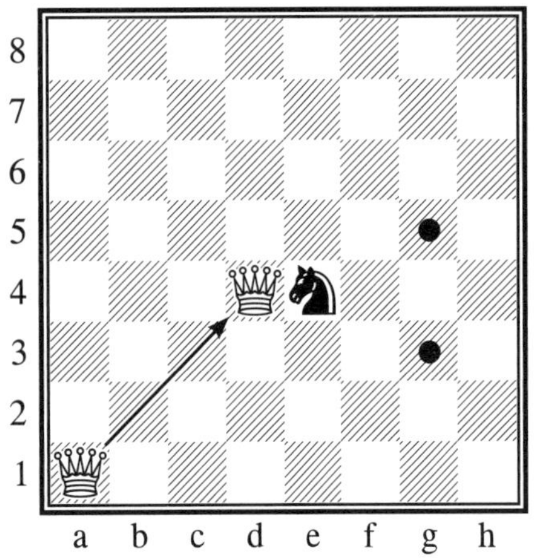

Après 1.Dd4, les Noirs n'ont déjà plus que deux possibilités, à savoir 1…Cg5 ou 1…Cg3.

Le Cavalier change de couleur de case à chaque déplacement. Il convient donc de le faire reculer en plaçant sa Dame sur une couleur de case opposée à celle que le Cavalier occupe au moment où on déplace sa Dame, de telle sorte qu'on contrôle le déplacement du Cavalier.

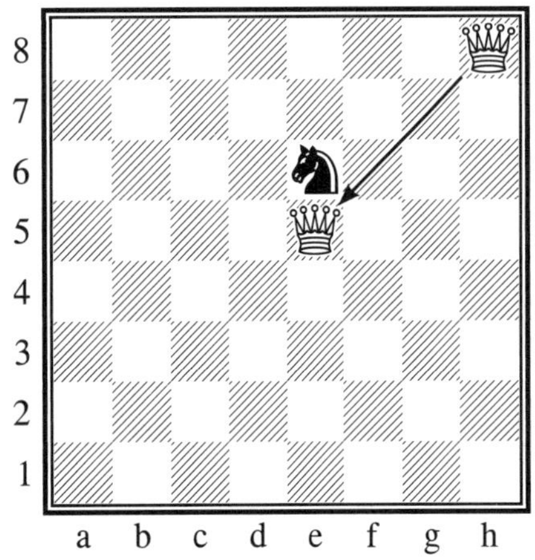

Jouer la Dame de h8 en e5 permet d'anticiper le passage du Cavalier noir des cases blanches aux cases noires. Il ne reste plus au Cavalier que les cases d8 et f8.

Au coup suivant, il suffira de jouer en d5 (si le Cavalier est venu en d8) ou en f5 (si le Cavalier est venu en f8) et le pauvre équidé sera pris au piège.

Remarque importante : On peut proposer plusieurs variantes de ce jeu. La première consisterait à indiquer une zone de l'échiquier où le Cavalier doit être attrapé (l'aile Dame, l'aile Roi, le camp blanc, le camp noir, voire le quart de l'échiquier de a à d et de 1 à 4). Une « variante de cette variante » consisterait à ce que seul l'attaquant soit au courant de la zone où intercepter le Cavalier. Une variante de ce jeu pourrait consister à interdire à la Dame d'attaquer le Cavalier. Le seul coup porté conte le Cavalier devant être le dernier.

FICHE ÉLÈVE
Défi 1

DAME CONTRE CAVALIER

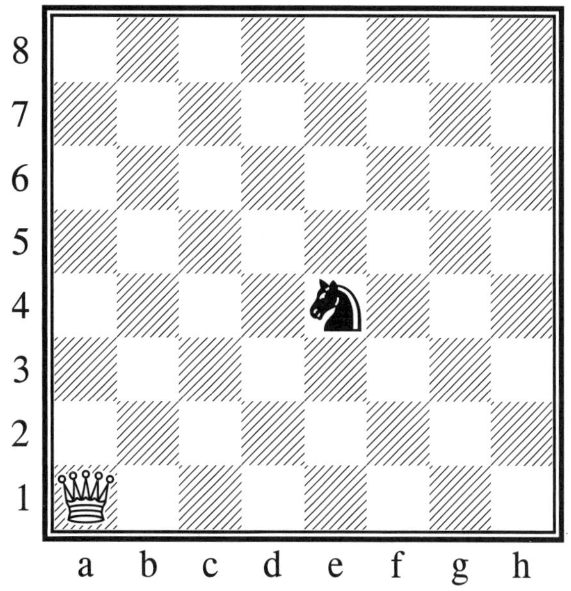

La Dame blanche doit prendre le Cavalier en le minimum de coups possibles. Le Cavalier essaie de s'échapper aussi longtemps que possible. Pour compliquer la tâche, les Noirs commencent.

FICHE ENSEIGNANT
Défi 2

FOU CONTRE PIONS

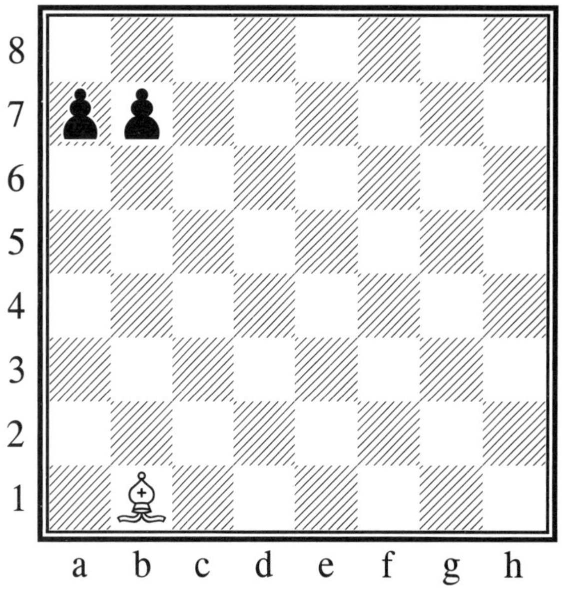

Les Blancs commencent à jouer. Ils doivent empêcher les pions noirs d'arriver à la promotion. Si un seul pion noir arrive en première rangée sans se faire capturer sur sa case d'arrivée, les Noirs l'emportent. Si les Blancs parviennent à capturer les pions noirs avant promotion ou consécutivement à la promotion, ils l'emportent. Place au défi !

Trois idées très importantes doivent émerger de la première mise en commun :

1. Les pions s'attaquent plus facilement par-derrière.

Le premier coup naturel 1.Fe4 se heurte à la réponse noire 1…b5 puis 2.Fd3 à 2…a6. Attaqués frontalement, les pions noirs peuvent se protéger.

Il est déconseillé d'attaquer les pions de front car ils peuvent être défendus par un autre pion.

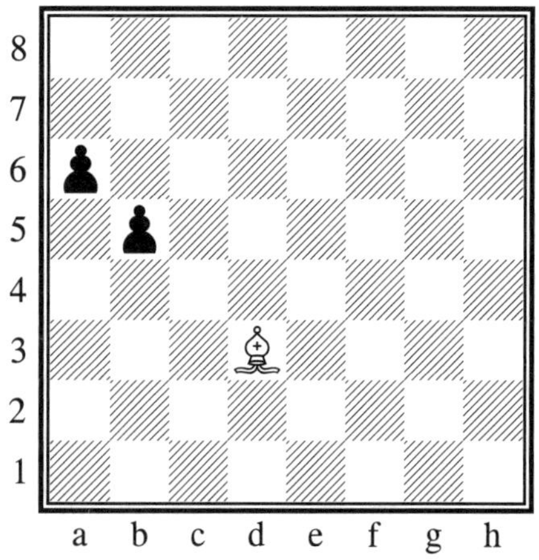

FICHE ENSEIGNANT
Défi 2

FOU CONTRE PIONS

2. Les pions sont affaiblis quand ils sont sur cases noires.

Voici une configuration idéale pour les Blancs. Les pions noirs sont condamnés. La suite pourrait être : 1.Fa4, 1.Fb3 ou 1.Fd1 (n'importe quelle case sur la diagonale a4-d1 convient au Fou qui joue les douaniers et va intercepter les deux pions) 1…a4 2.Fxa4 2.b3 2.Fxb3. Les Blancs l'emportent sans difficulté.

Les Blancs doivent pousser les pions noirs à se poster sur des cases noires et contrôler la diagonale adjacente.

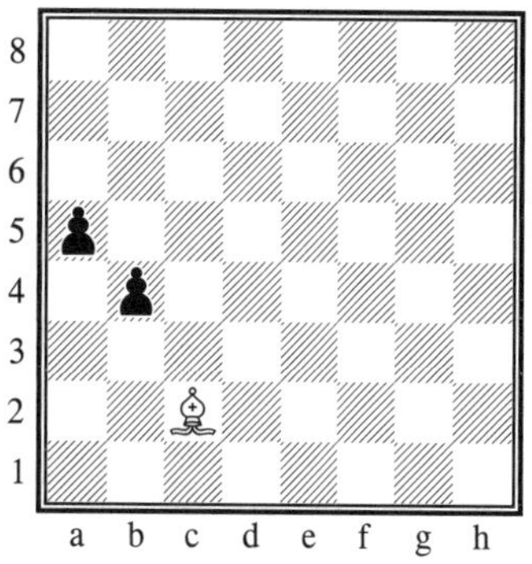

3. Le pion le plus dangereux est le pion a.

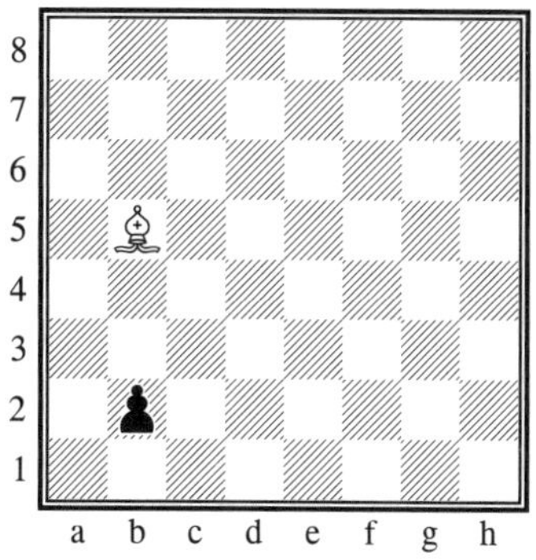

Le Fou blanc n'a aucune difficulté à contrôler l'avancée du pion b. Il suffit de jouer 1.Fd3. Sur b1=D, Fxb1 et les Blancs ont gagné.

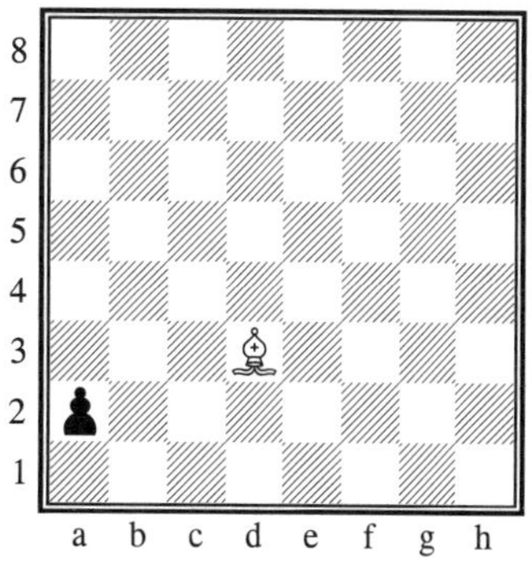

Le Fou blanc n'a aucune possibilité de contrôler l'avancée du pion a. Sur 1.Fc4 ou 1.Fb1, ils attaquent le pion noir mais celui-ci n'a qu'à avancer pour faire gagner son camp. Sur 1.Fc4 a1=D. Sur 1.Fb1 les Noirs ont le choix entre 1…axb1=D ou 1…a1=D.

Le contrôle de la case de promotion d'un pion est un élément primordial des finales aux échecs.

FICHE ENSEIGNANT
Défi 3

CAVALIERS CONTRE PIONS

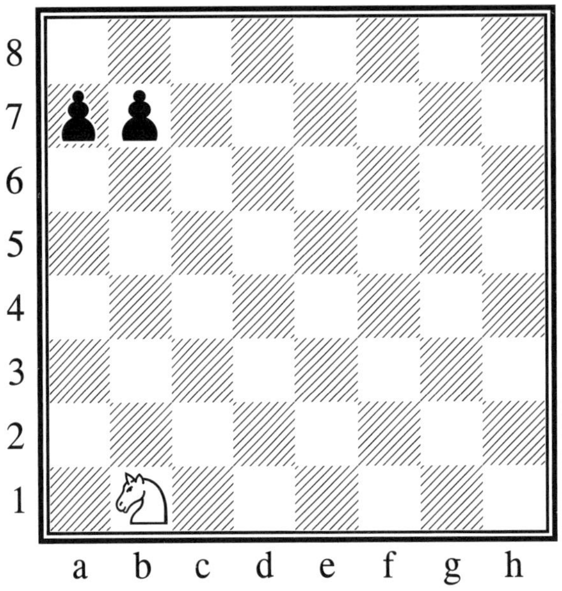

Les Blancs commencent à jouer. Ils doivent empêcher les pions noirs d'arriver à la promotion. Si un seul pion noir arrive en première rangée sans se faire capturer sur sa case d'arrivée, les Noirs l'emportent. Si les Blancs parviennent à capturer tous les pions noirs avant promotion, ils l'emportent. Place au défi !

Attention : tu dois noter chaque coup. Les tiens et ceux de ton adversaire. Ainsi, tu pourras montrer à toute la classe le résultat du défi.

Trois idées très importantes doivent émerger de la première mise en commun :

Le Cavalier a accès à toutes les cases, contrairement au Fou.

À chaque coup impair, le Cavalier sera ici sur une case noire. À chaque coup pair, il atterrira sur une case blanche. Cela constitue le principal avantage du Cavalier sur le Fou dans ce défi comme dans une partie d'échecs. C'est une notion qui a déjà été construite en CE1 au travers du jeu de parcours n° 1 qui consistait à se rendre pour le Cavalier de la case a1 à la case h8 en un minimum de coups. a1 et h8 étant deux cases noires, le Cavalier ne pouvait effectuer ce parcours qu'en un nombre de coups pair.

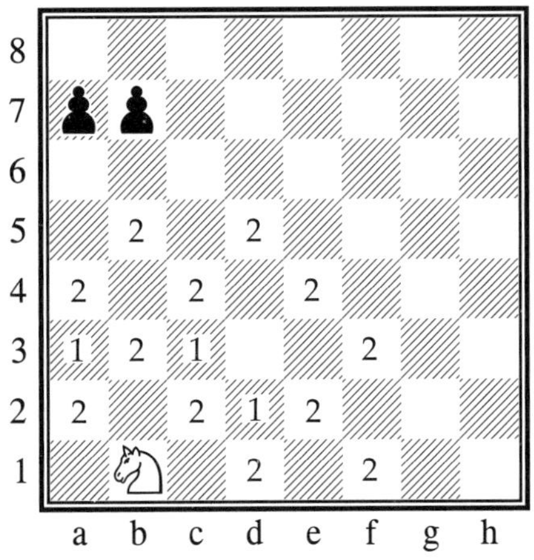

FICHE ENSEIGNANT
Défi 3

FOU CONTRE PIONS

Le Cavalier est beaucoup plus lent que le Fou.
Le Fou peut se rendre de la case h1 à a8 en 1 coup. Il faut en revanche 6 coups au Cavalier blanc pour se rendre de h1 en a8. La rapidité est la principale force du Fou. Cette rapidité s'exprime d'autant plus sur un échiquier vide où son action n'est pas entravée par des obstacles. Le Cavalier est d'autant plus à l'aise que la situation est bloquée.

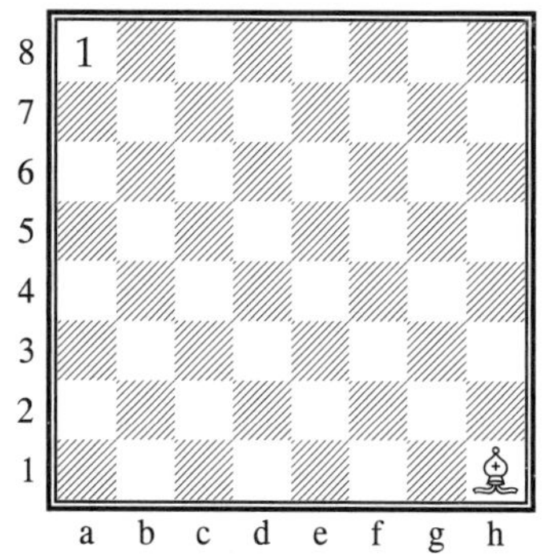

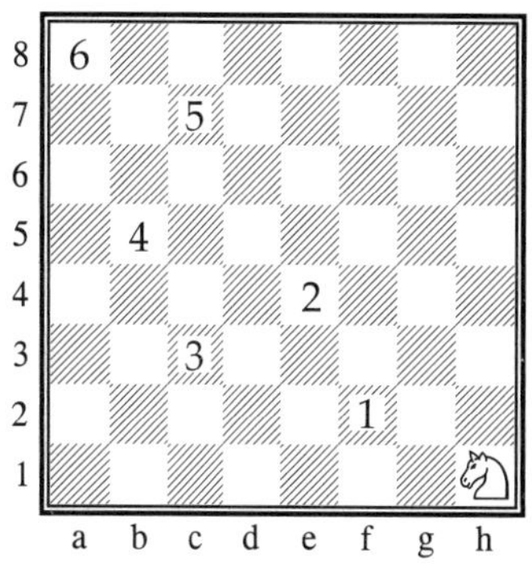

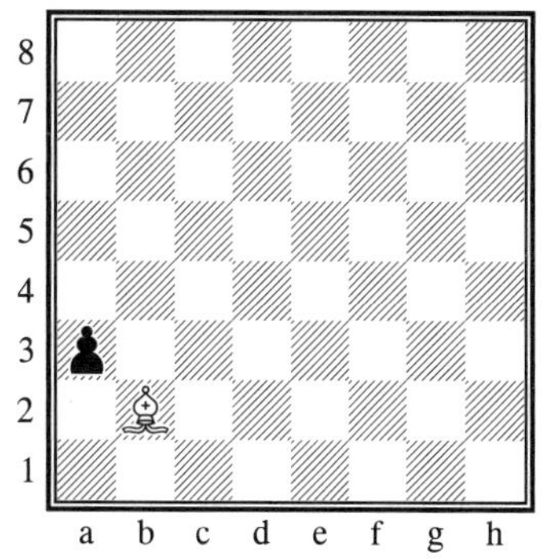

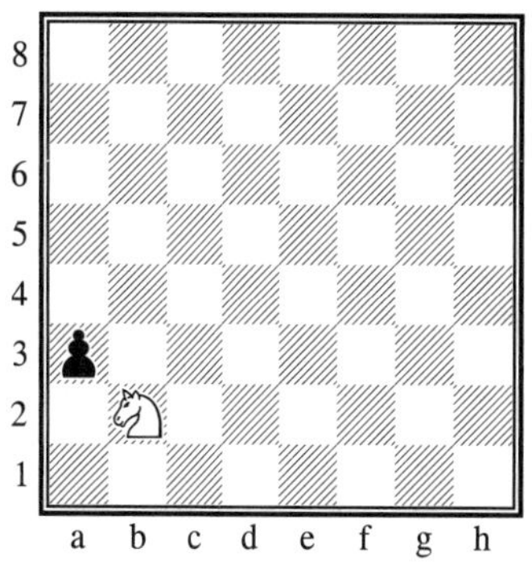

Comment relever ce défi ?

- En tenant compte des faiblesses du Cavalier : maladroit dans un affrontement de face contre deux pions qui se défendraient mutuellement chacun leur tour, le Cavalier est plus à l'aise s'il attaque les pions par-derrière ou sur le côté, notamment s'il reste à une distance raisonnable des fantassins adverses.
- En tenant compte des forces du Cavalier : seule pièce autorisée à sauter, le Cavalier peut faire des allers-retours entre deux cases sans que l'avancée des pions ne le gêne (à condition qu'ils ne lui interdisent de se poser sur les cases en question). Il peut se contenter de ces allers-retours en attendant que les pions avancent et soient à portée.
- En tenant compte des faiblesses des pions. Deux pions liés sont en général plus forts que deux pions isolés car l'un peut protéger l'autre dans son avancée. Les obliger à se désolidariser est une des clefs de la réussite.

FICHE ÉLÈVE
Défi 3

CAVALIER CONTRE PIONS

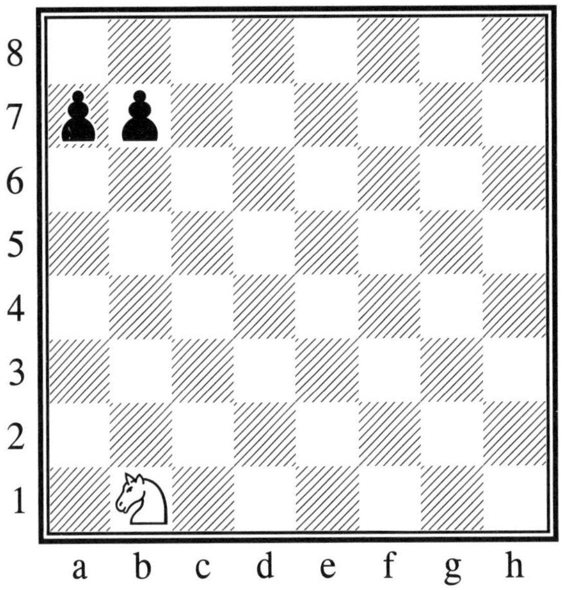

Les Blancs commencent à jouer. Ils doivent empêcher les pions noirs d'arriver à la promotion. Si un seul pion noir arrive en première rangée sans se faire capturer sur sa case d'arrivée, les Noirs l'emportent. Si les Blancs parviennent à capturer tous les pions noirs avant promotion, ils l'emportent. Place au défi !

Attention : tu dois noter chaque coup. Les tiens et ceux de ton adversaire. Ainsi, tu pourras montrer à toute la classe le résultat du défi.

COLORIAGE

FICHE ENSEIGNANT
séance 21

ÉLABORER UNE STRATÉGIE DE RÉSOLUTION DE PROBLÈMES À TRAVERS DES JEUX D'ENQUÊTE

A. Organisation de la séance

Durée de la séance

15 minutes par énigme proposée.

Le matériel pédagogique spécifique

Crayon à papier, règle, gomme, crayon de couleur.

Le(s) dispositif(s) pédagogique(s)

L'échiquier est tracé au tableau par l'enseignant. Les élèves sont face au tableau, selon une disposition frontale classique.

B. Objectifs de la séance

1. Les prérequis

- Connaître le codage et le décodage d'une case de l'échiquier.
- Connaître le déplacement de toutes les pièces.

2. Les objectifs pédagogiques

Objectifs généraux

- Élaborer une stratégie de résolution de problèmes :
  - Par élimination des solutions impossibles
  - Par la manipulation des pièces
  - Par le raisonnement en abstraction
- Élaborer une stratégie de validation et de présentation des résultats.

Objectifs spécifiques

- Renforcer la maîtrise du déplacement de chaque pièce.
- Renforcer la connaissance de la spécificité de chaque pièce.

3. Les compétences à acquérir

Résoudre des problèmes en croisant différents facteurs et différents indices.

FICHE ENSEIGNANT
séance 21

ÉLABORER UNE STRATÉGIE DE RÉSOLUTION DE PROBLÈMES À TRAVERS DES JEUX D'ENQUÊTE

C. Déroulement de la séance en 2 phases

1. Phase de découverte (collective)

L'échiquier mural est placé au tableau par l'enseignant. Les élèves sont face au tableau, selon une disposition frontale classique. On s'assure que le matériel présenté est reconnu et que les cases parcourues par la pièce-mystère sont identifiées.

2. Phase d'exploration (collective puis individuelle)

On procède collectivement à l'élimination d'une pièce innocente. Laquelle et pourquoi ? Les élèves sont invités à formuler une réponse construite et argumentée (on insistera particulièrement sur les connecteurs logiques « car », « parce que », « or », « donc »). Les élèves passent ensuite à une phase de recherche individuelle ou de groupe dans laquelle ils « innocentent » d'autres pièces jusqu'à la découverte du « coupable ».

FICHE ENSEIGNANT
séance 21

ÉLABORER UNE STRATÉGIE DE RÉSOLUTION DE PROBLÈMES

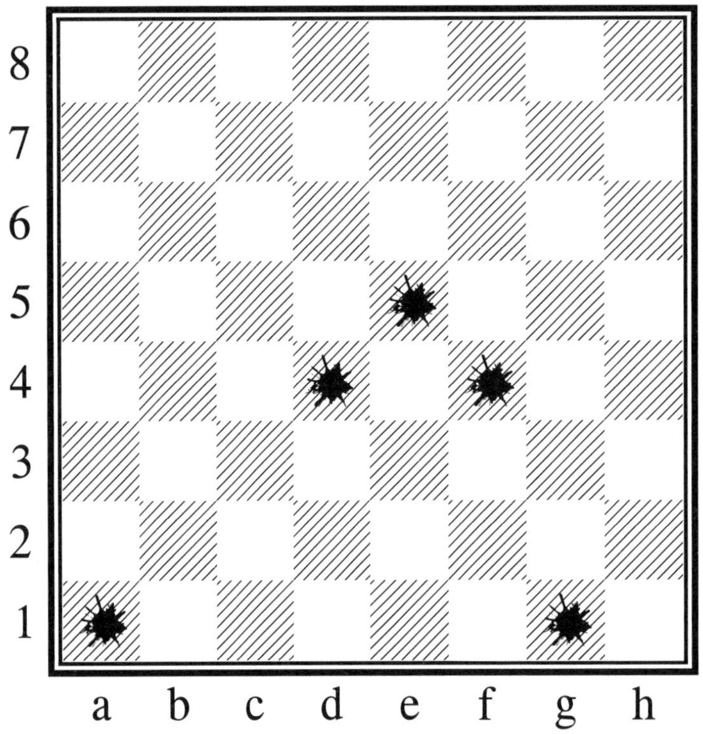

Une pièce s'est enfuie du château blanc par la porte f4 en partant de la case g1 sans se poser deux fois sur la même case. Quelle pièce a pu faire ces traces ? Quel a été son parcours ?

Le pion et le Roi sont innocents car ils n'ont pu sauter deux cases. La Tour est hors de cause car elle ne peut se déplacer en diagonale. Enfin, le Cavalier n'a pas pu sauter de g1 en f4 ou d4. Seuls la Dame ou le Fou ont pu laisser de telles traces. La Dame et le Fou sont partis de g1 en d4 puis sont allés de d4 en a1, puis de a1 en e5 et enfin de e5 en f4. Da1-d4-e5-f4.

FICHE ÉLÈVE
séance 21

ÉLABORER UNE STRATÉGIE DE RÉSOLUTION DE PROBLÈMES

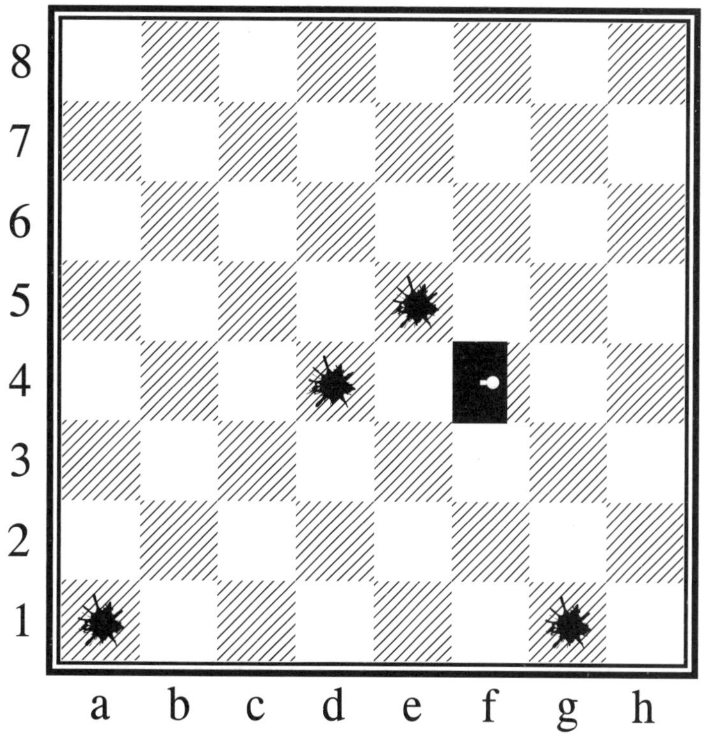

Une pièce s'est enfuie du château blanc par la porte f4 en partant de la case g1 sans se poser deux fois sur la même case. Quelle pièce a pu faire ces traces ? Quel a été son parcours ?

FICHE ENSEIGNANT
séance 22

ÉLABORER UNE STRATÉGIE DE RÉSOLUTION DE PROBLÈMES

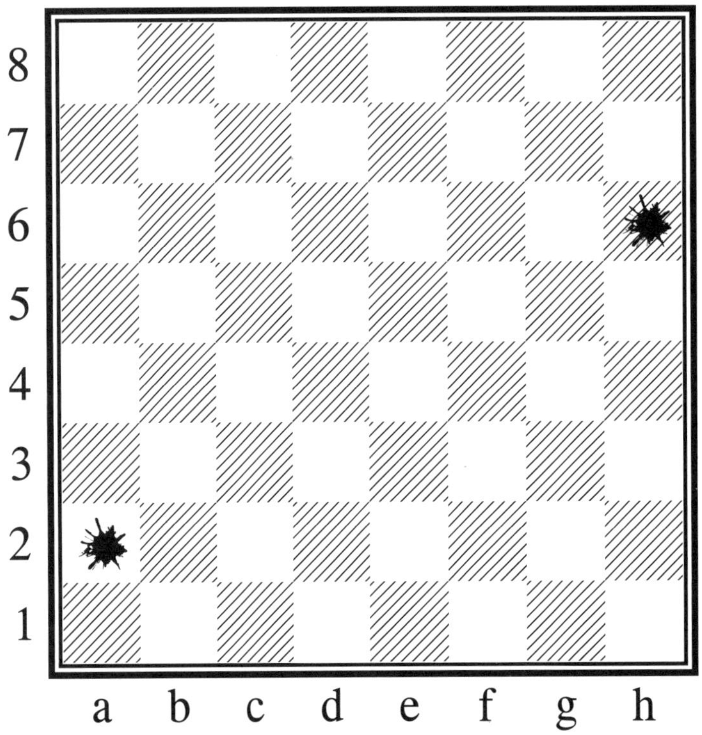

La couronne du Roi a disparu ! Le pion Léon se charge de l'enquête. Malheureusement, il reste peu de traces. On sait juste que le coupable est parti de a2 et est arrivé en h6. Léon demande aux policiers de relâcher deux pièces tout de suite. Lesquelles et pourquoi ?
Le Fou n'a pas pu aller de a2 en h6 car il ne peut pas changer de couleur de case. Le pion est innocent car même s'il prend une pièce à chaque coup, il ira en b3, c4, d5, e6 mais n'arrivera jamais en h6.

D'après les témoins, le coupable s'est plusieurs fois déplacé en diagonale. « C'est bien ce que je pensais », dit Léon et il demande à remettre une autre pièce en liberté. Laquelle ?
La Tour ne peut pas se déplacer en diagonale. Elle est donc innocente.

D'après les servantes du palais, On a entendu 8 déplacements le soir du vol. Léon réfléchit en regardant attentivement les couleurs des cases et fait relâcher une nouvelle pièce. Sais-tu laquelle et pourquoi ?
Le Cavalier est innocent. Il change de couleur de case à chaque coup. Il revient donc sur sa couleur de départ à chaque coup pair. Donc, ici, il n'a pas pu aller d'une case blanche à une case noire en un nombre de coups impair. Il est donc innocent.

Léon rencontre enfin un chevalier dans les couloirs du château. Ce dernier est certain que le coupable ne pouvait pas se déplacer de plus d'une case à la fois. « Bon sang, mais c'est bien sûr ! Je sais maintenant qui est coupable », s'exclame le pion Léon. Et toi ?
La Dame peut se déplacer de plusieurs cases à la fois. C'est donc le Roi le coupable ! En fait, il n'a pas volé sa couronne. Il l'avait emmené avec lui pour aller la faire réparer chez le joaillier !

FICHE ÉLÈVE
séance **22**

ÉLABORER UNE STRATÉGIE DE RÉSOLUTION DE PROBLÈMES

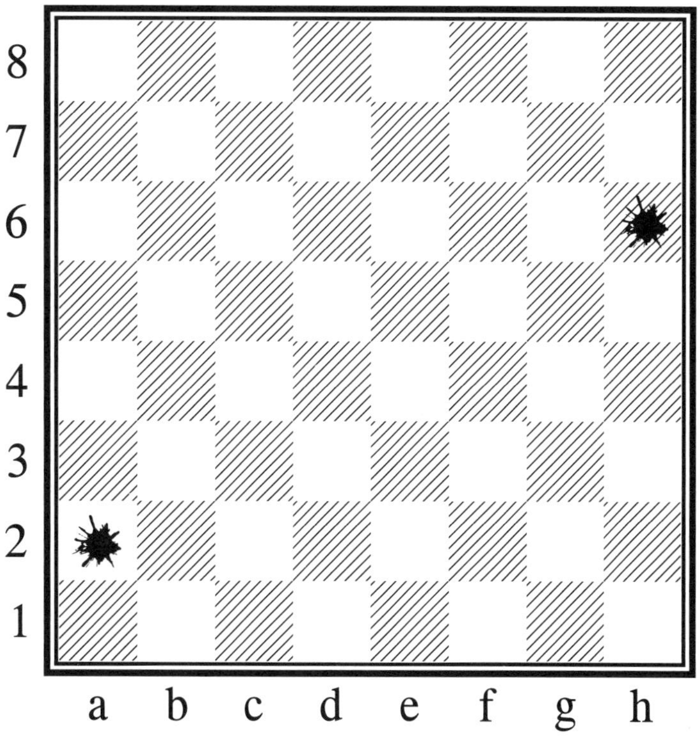

La couronne du Roi a disparu ! Le pion Léon se charge de l'enquête. Malheureusement, il reste peu de traces. On sait juste que le coupable est parti de a2 et est arrivé en h6. Il demande aux policiers de relâcher deux pièces tout de suite. Lesquelles ?

D'après les témoins, le coupable s'est plusieurs fois déplacé en diagonale. « C'est bien ce que je pensais », dit Léon et il demande à remettre une autre pièce en liberté. Laquelle ?

D'après les servantes du palais, chaque pas du coupable a fait un gros bruit. « Combien de ces bruits avez-vous entendu ? » demande Léon. « Huit », répondent toutes les servantes. Léon les remercie et fait relâcher une nouvelle pièce. Sais-tu laquelle et pourquoi ?

Léon rencontre enfin un chevalier dans les couloirs du château. Il est certain que le coupable ne pouvait pas se déplacer de plus d'une case à la fois. « Bon sang, mais c'est bien sûr ! Je sais maintenant qui est coupable », s'exclame le pion Léon. Et toi ?

FICHE ENSEIGNANT
séance 23

ÉLABORER UNE STRATÉGIE DE RÉSOLUTION DE PROBLÈMES

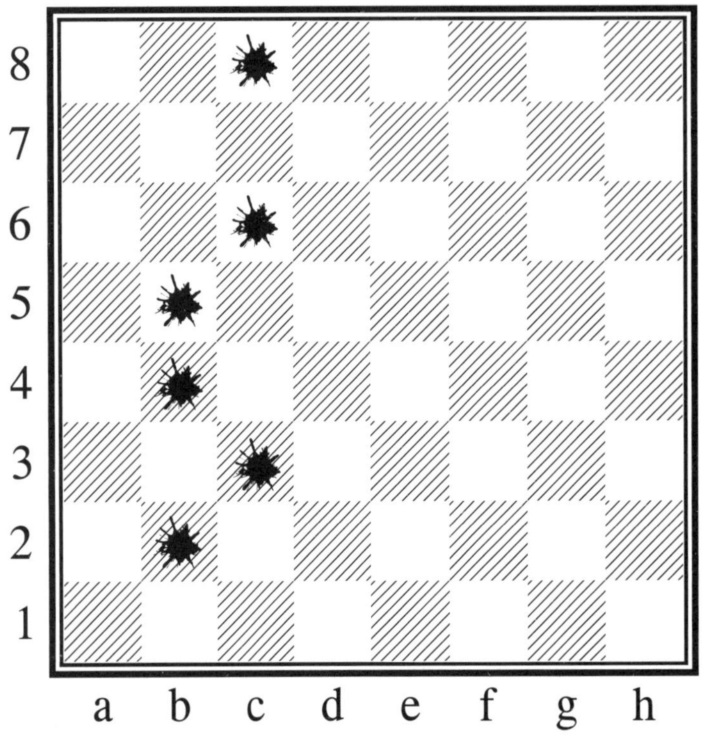

Une pièce a sali les couloirs du château en se promenant de b2 à c8 ? Qui donc a pu faire ces traces ?

Ce problème nécessite une analyse globale du parcours avant de se lancer dans la stratégie de résolution. Si on s'en tient aux premiers coups, on peut résoudre le problème pas à pas mais il faut du temps. En effet, le déplacement de b2 à c3 élimine le Cavalier et la Tour (le pion a pu capturer une pièce en chemin !). Le déplacement de c3 en b4 n'élimine aucun accusé. Le déplacement de b4 en b5 élimine le Fou. Le déplacement de b5 en c6 n'élimine personne. C'est simplement le déplacement de c6 en c8 qui élimine le pion et le Roi. La Dame est donc coupable. Si on se livre à une analyse globale du parcours, on voit : des déplacements d'une case (élimination du Cavalier), des déplacements en diagonale (élimination de la Tour), des changements de couleur de case (élimination du Fou) et un déplacement de plus d'une case (élimination du pion et du Roi). La coupable est donc la Dame aussi mais le raisonnement est beaucoup plus élaboré car moins linéaire.

FICHE ÉLÈVE
séance 23

ÉLABORER UNE STRATÉGIE DE RÉSOLUTION DE PROBLÈMES

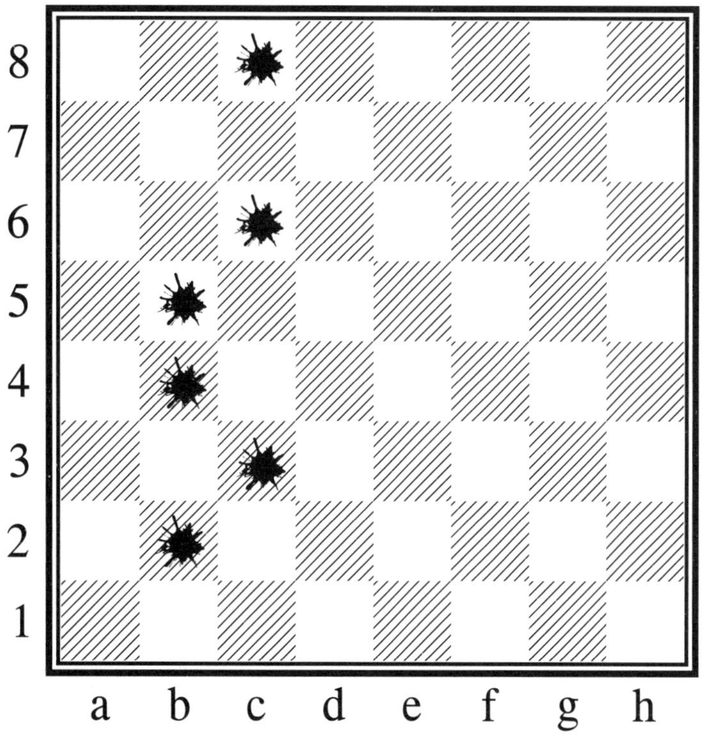

Une pièce a sali les couloirs du château en se promenant de b2 à c8 ? Qui donc a pu faire ces traces ?

FICHE ENSEIGNANT séance 24 — ÉLABORER UNE STRATÉGIE DE RÉSOLUTION DE PROBLÈMES À TRAVERS DES JEUX DE PARCOURS

A. Organisation de la séance

Durée de la séance

5 à 30 minutes par énigme proposée.

Le matériel pédagogique spécifique

Crayon à papier, règle, gomme, crayon de couleur.

Le(s) dispositif(s) pédagogique(s)

L'échiquier est tracé au tableau par l'enseignant. Les élèves sont face au tableau, selon une disposition frontale classique.

B. Objectifs de la séance

1. Les prérequis

- Connaître le codage et le décodage d'une case de l'échiquier.
- Connaître le déplacement de toutes les pièces.

2. Les objectifs pédagogiques

Objectifs généraux

- Élaborer une stratégie de résolution de problèmes :
  - Par élimination des solutions impossibles
  - Par la manipulation des pièces
  - Par le raisonnement en abstraction
  - En anticipant
- Élaborer une stratégie de validation et de présentation des résultats.

Objectifs spécifiques

- Renforcer la maîtrise du déplacement de chaque pièce.
- Renforcer la connaissance de la spécificité de chaque pièce.

3. Les compétences à acquérir

Résoudre des problèmes en croisant différentes informations (contraintes liées à la pièce, contraintes liées au cadre de jeu, contraintes liées à la présence d'obstacles).

FICHE ENSEIGNANT
séance 24

ÉLABORER UNE STRATÉGIE DE RÉSOLUTION DE PROBLÈMES À TRAVERS DES JEUX DE PARCOURS

C. Déroulement de la séance en 4 phases

1. Phase de découverte (collective)

L'échiquier mural est placé au tableau par l'enseignant. Les élèves sont face au tableau, selon une disposition frontale classique. On s'assure que le matériel présenté est reconnu et que la consigne est comprise.

2. Phase d'exploration (collective puis individuelle)

On débute collectivement le parcours. Comment et pourquoi ? Les élèves sont invités à formuler une réponse construite et argumentée (on insistera particulièrement sur les connecteurs logiques « car », « parce que », « or », « donc »). Les élèves passent ensuite à une phase de recherche individuelle ou de groupe dans laquelle ils poursuivent la construction du parcours de réussite de la pièce.

3. Phase d'étape

On procède à une première mise en commun dans laquelle on insistera particulièrement sur la présentation du résultat. Comment communiquer le parcours emprunté ? Par des coordonnées, des gabarits numérotés ? On laissera la plus grande liberté aux élèves avec pour seule exigence d'être compris de tous dans la présentation de leur résultat.

4. Phase de conclusion

Travail en autonomie.

FICHE ENSEIGNANT
séance 24

JEU DE PARCOURS SIMPLES - NIVEAU 1

1. **Qu'est-ce qu'un jeu de parcours ?**
   Le jeu de parcours, comme son nom l'indique déjà, consiste en un parcours simple, réalisé par une pièce d'échecs sur l'échiquier. Ce parcours a un point de **départ** (une case de l'échiquier) et un point **d'arrivée** (une autre case de l'échiquier)

2. **Jeux de parcours niveau 1**
   Au 1er niveau, l'objectif assigné à l'élève est simplement de réaliser un parcours correct, par des **déplacements exacts** de la pièce jouée, en partant d'une case **départ** pour atteindre une case **arrivée**.

3. **Quelques exemples de ce niveau**

   Le parcours du Roi (1)

Position 1

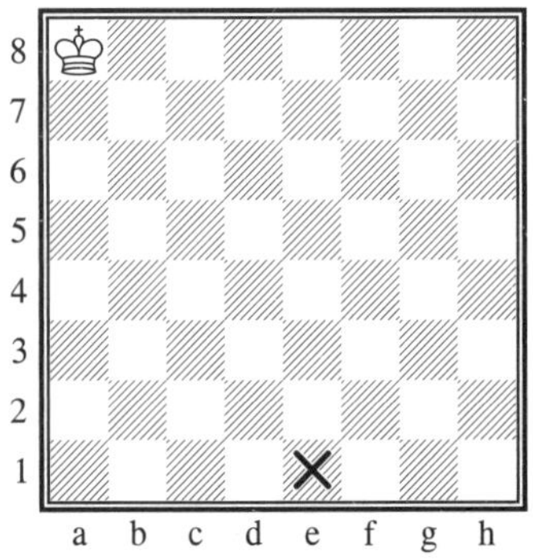

Solution 1

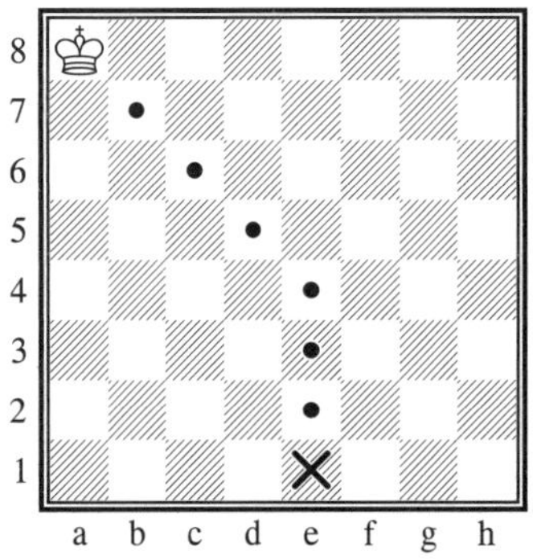

Solution 2

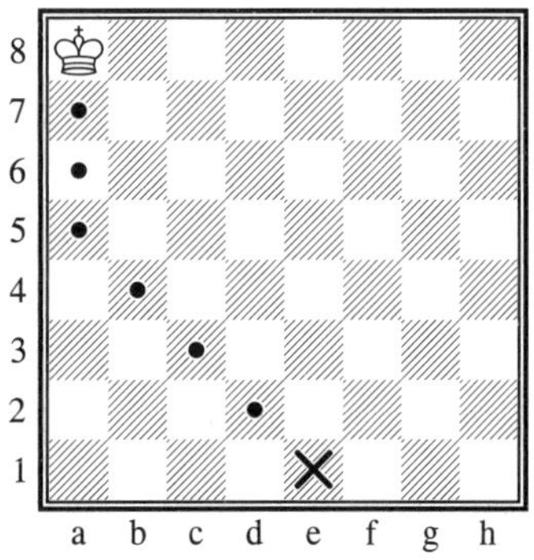

Dans cette **Position 1**, le Roi blanc doit se rendre sur la case marquée d'une croix (case e1) en effectuant un parcours correct. Le parcours du Roi est indiqué par des ronds.
Petit rappel : le Roi se déplace d'une seule case à la fois mais dans toutes les directions.
Nous vous proposons 2 solutions correctes possibles parmi d'autres pour cette **Position 1**.

- Le parcours du Roi (2)

Position 2

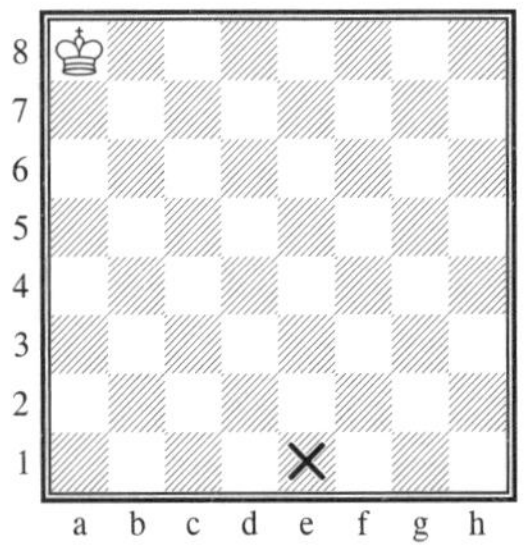

Solution 1

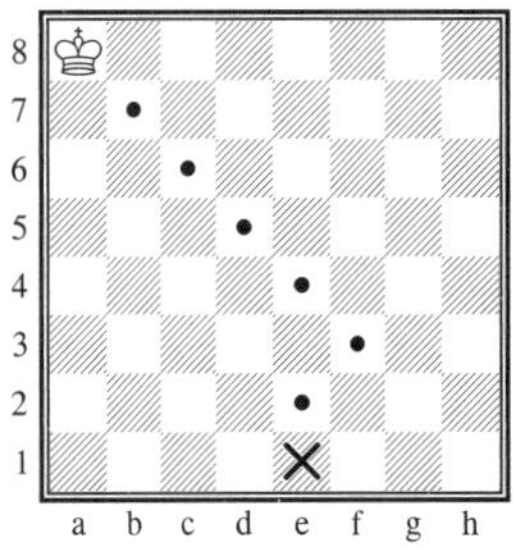

Solution 2

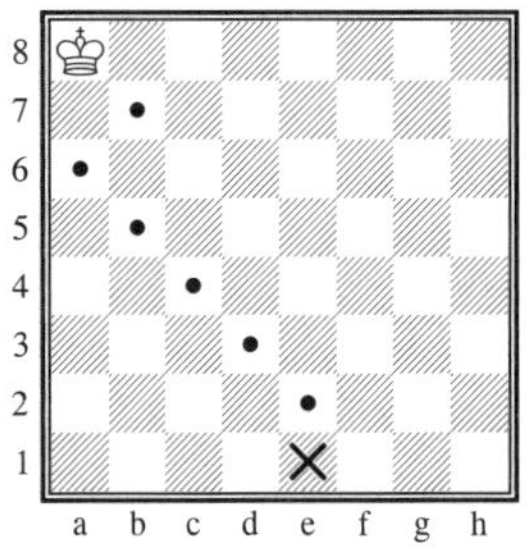

Solution 3

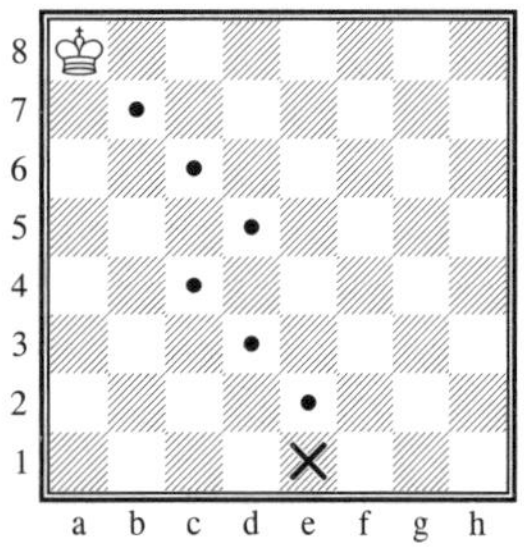

Dans cette **position 2**, le Roi blanc doit toujours se rendre sur la case e1, **mais** en effectuant un parcours uniquement sur **cases blanches**. On a donc introduit **une contrainte** supplémentaire.
Nous avons retenu 3 solutions correctes possibles parmi d'autres pour cette **position 2**.
Bien entendu des parcours simples mais variés de niveau 1 peuvent être conçus en grande quantité, pour chaque pièce du jeu d'échecs. À partir de la position qui nous a servi de point de départ voici quelques possibilités de jeux de parcours simples : un parcours simple Dame, Tour Fou, Cavalier.

FICHE ENSEIGNANT
séance 24

JEU DE PARCOURS SIMPLES - NIVEAU 1

Diagramme 1

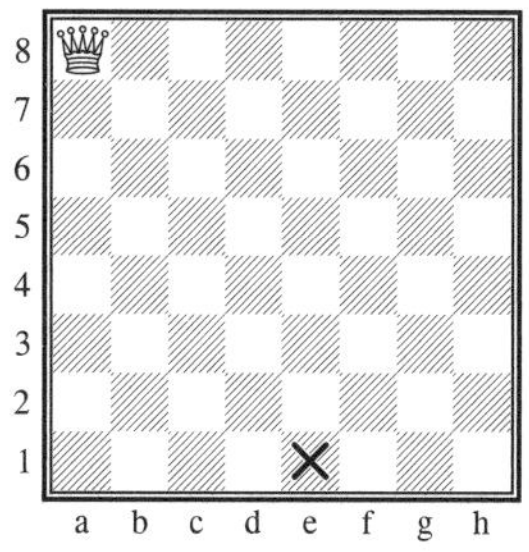

Diagramme 2

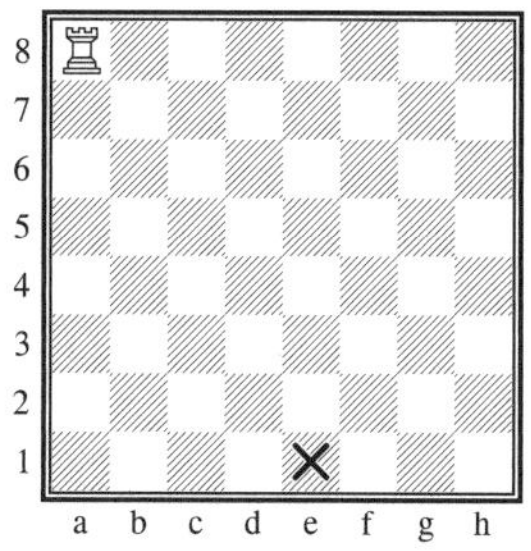

Diagramme 3

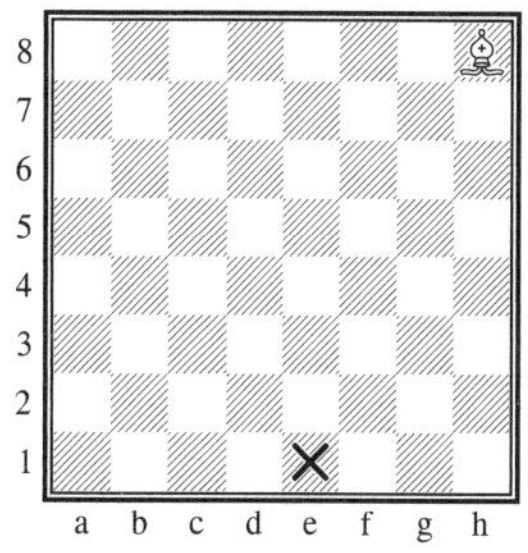

Diagramme 4

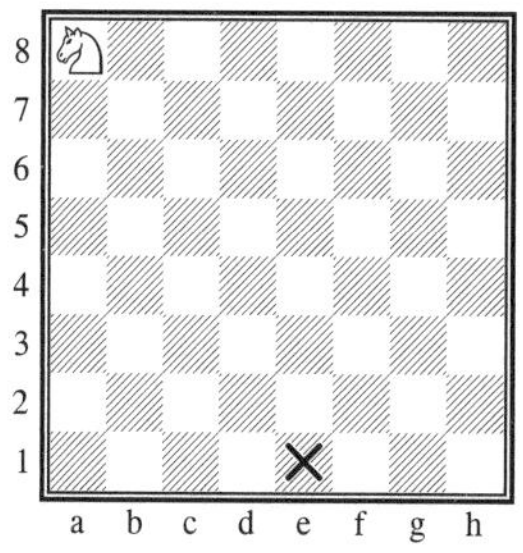

Et une solution possible pour chaque **diagramme** !

Diagramme 1

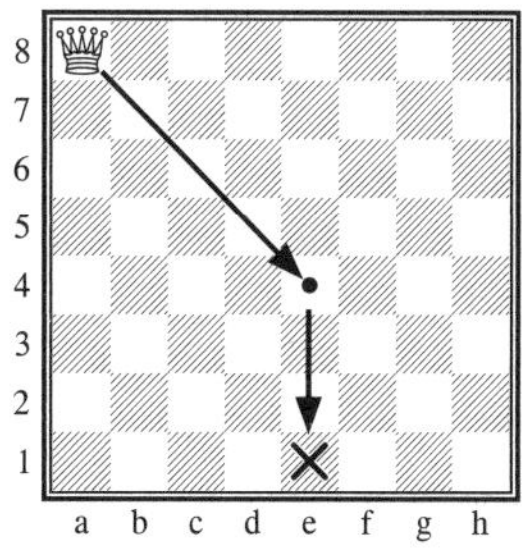

Diagramme 2

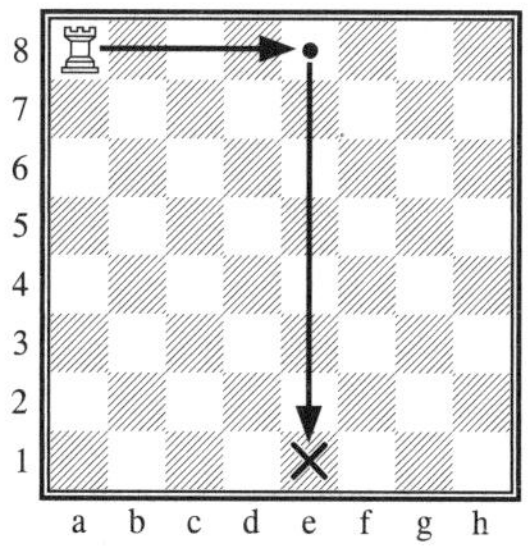

Diagramme 3

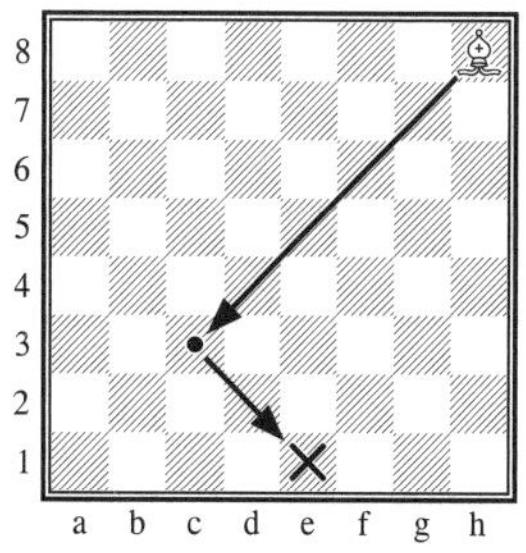

Diagramme 4

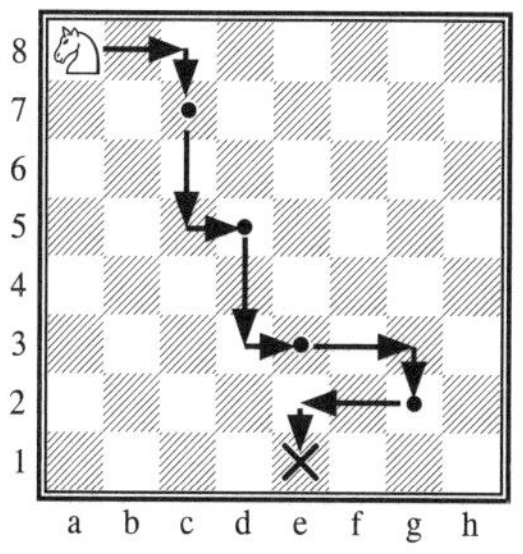

Un certain nombre d'élèves auront immanquablement remarqué la position différente du Fou au départ du diagramme 3. Placer le Fou sur la case de départ a8 aurait rendu le problème impossible puisque le Fou ne peut se déplacer que sur les cases de sa couleur. Un Fou blanc ne peut donc jamais atteindre une case noire !

On aurait pu également changer la case d'arrivée noire (e1) de ce diagramme 3 en case blanche (d1) :

Diagramme 3

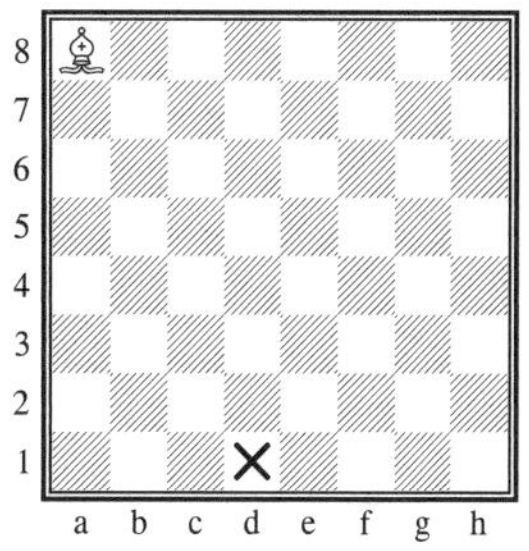

Solution 1

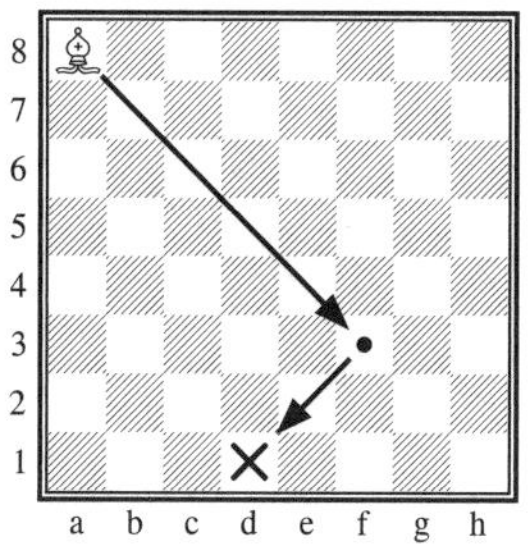

Solution 2

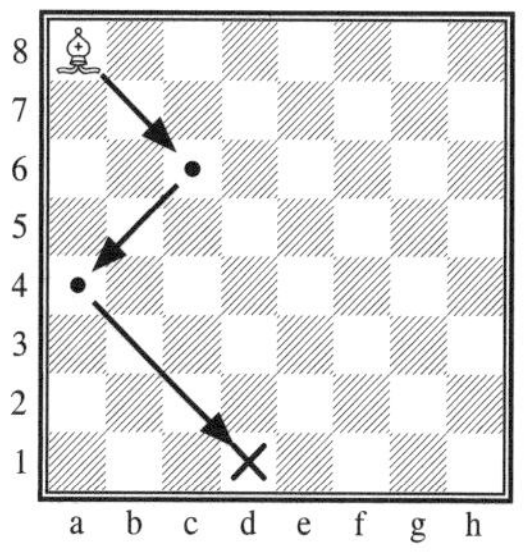

Solution 3

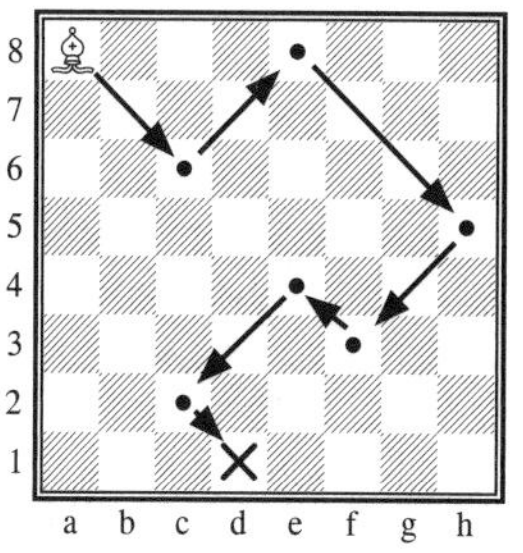

Nous avons délibérément choisi de proposer trois solutions possibles à ce parcours du Fou, de la plus simple à la plus complexe. Dans la mesure où la consigne de départ donnée aux élèves est **ouverte**, elles sont toutes les trois parfaitement correctes. Là encore, l'ajustement possible de la consigne de départ permet un travail en finesse. Si l'on avait demandé aux élèves d'imaginer **le parcours de Fou le plus direct,** seule la **solution 1** aurait été acceptée (2 coups), la **solution 2** (3 coups) et la **solution 3** (7 coups) étant moins directes.

4. Créer des jeux de parcours simples :

Les jeux de parcours proposés ici ont été conçus à l'aide d'un logiciel simple et gratuit, que l'on peut télécharger sur Internet et utiliser librement : Diag Transfert 3.0.1

FICHE ÉLÈVE
séance 24

JEU DE PARCOURS SIMPLES - NIVEAU 1

Jeux de parcours Roi simples

Parcours 1

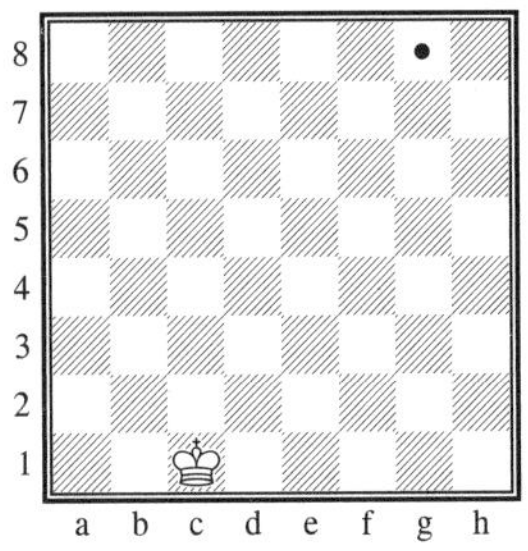

Parcours 2

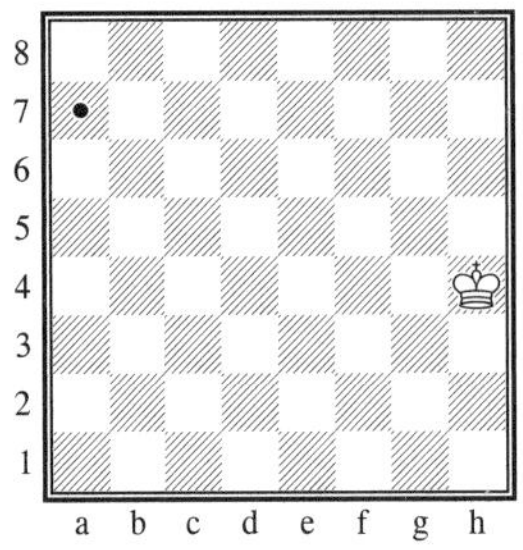

Parcours 3

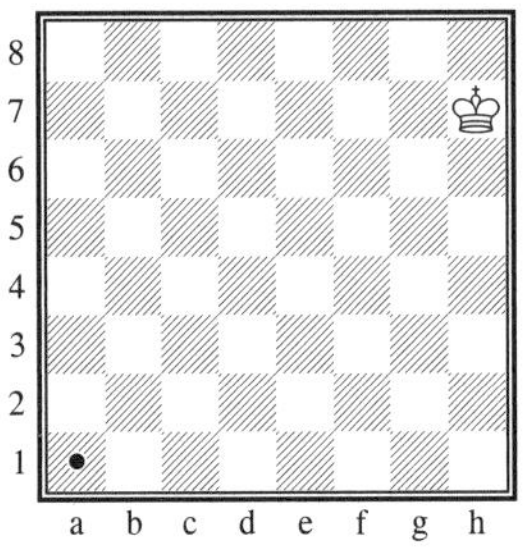

Parcours 4

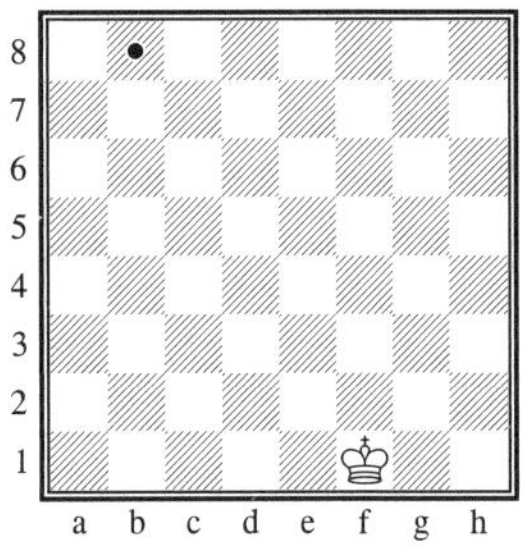

Jeux de parcours Tour simples

Parcours 1

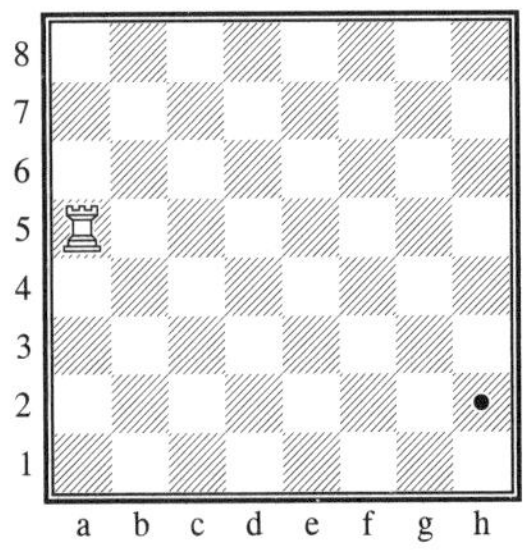

Parcours 2

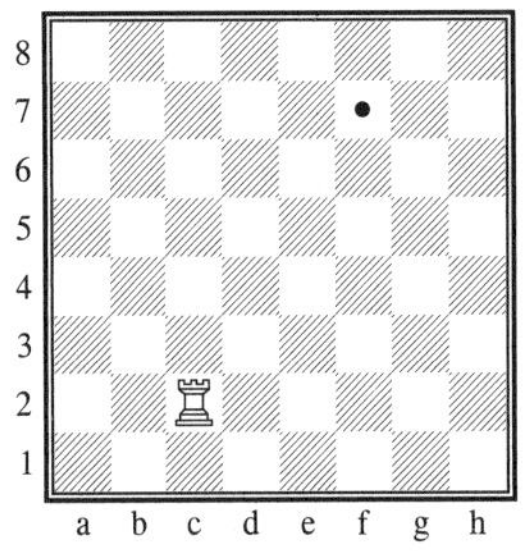

Parcours 3

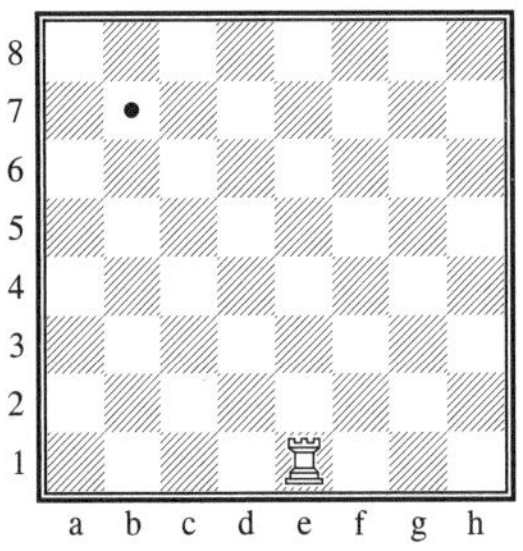

Parcours 4

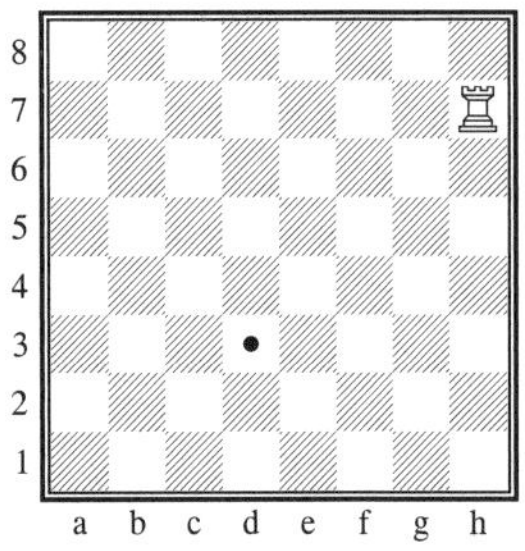

Jeux de **parcours Tour simples avec une contrainte : les cases marquées d'une croix sont interdites.**

Parcours 1

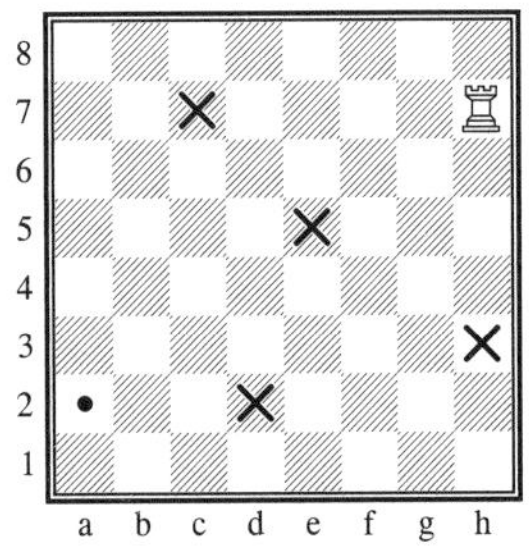

Parcours 2

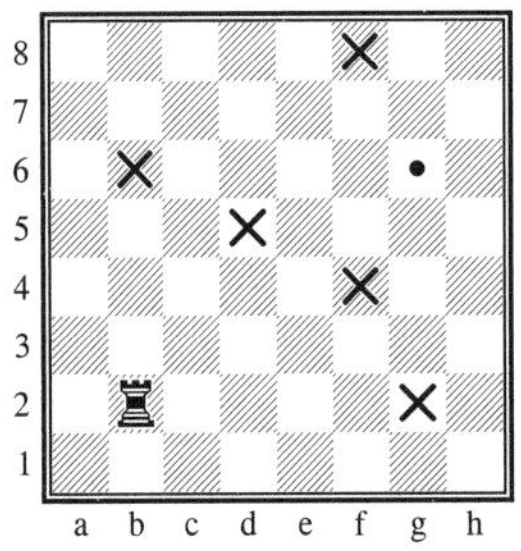

Parcours 3

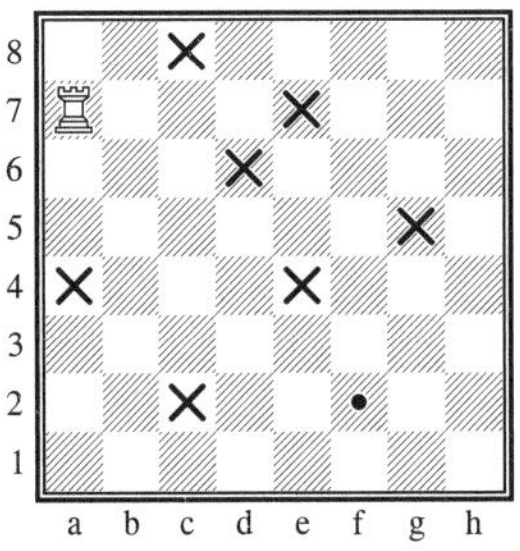

Parcours 4

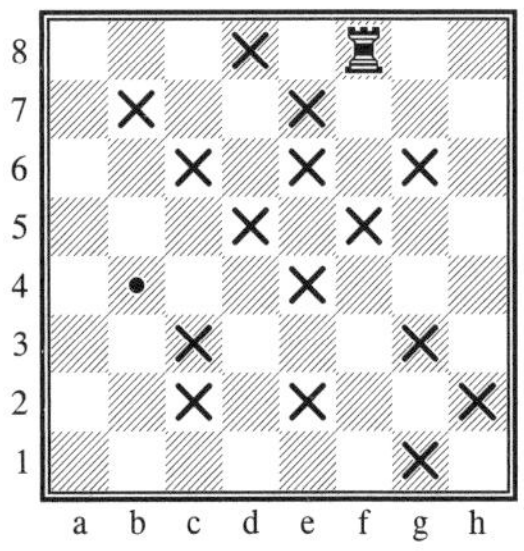

Jeux de parcours Dame simples

Parcours 1

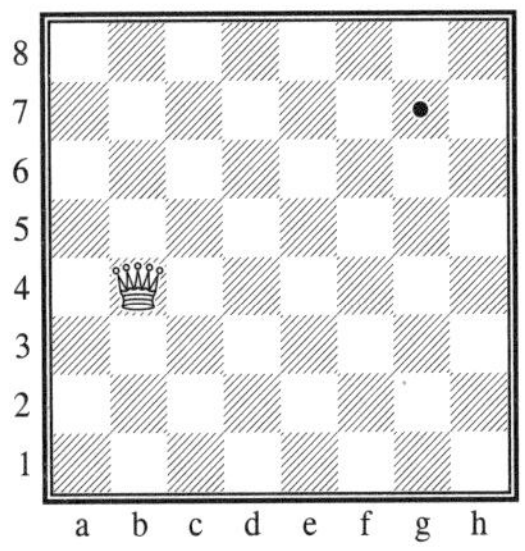

Parcours 2

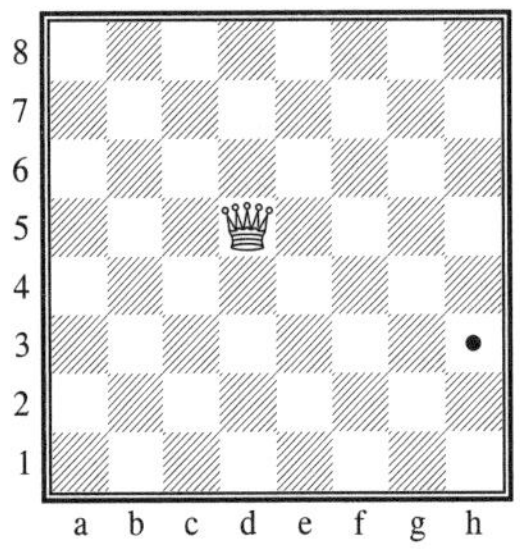

Parcours 3

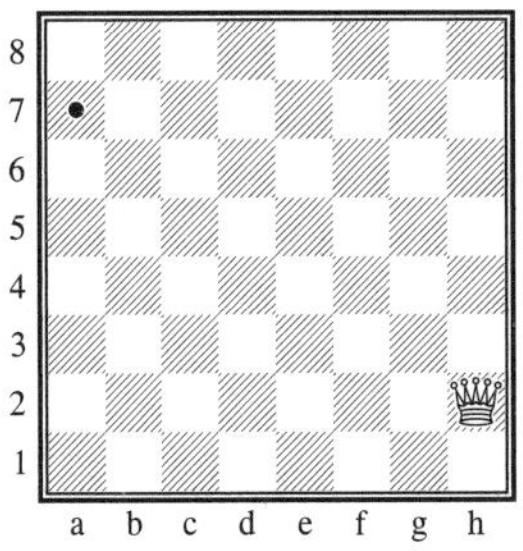

Parcours 4

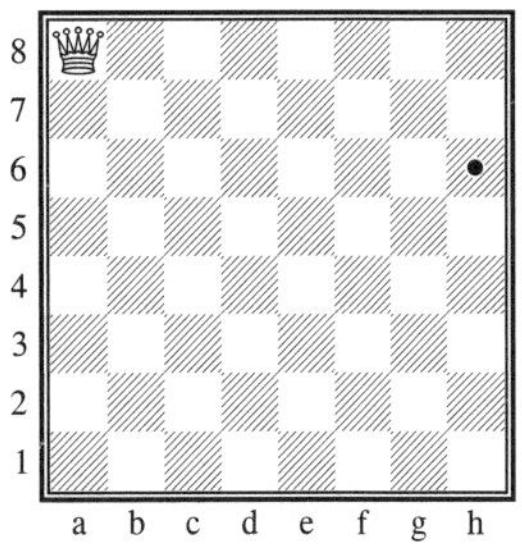

FICHE ÉLÈVE
séance 24

JEU DE PARCOURS SIMPLES - NIVEAU 1

Jeux de **parcours Fou** simples

Parcours 1

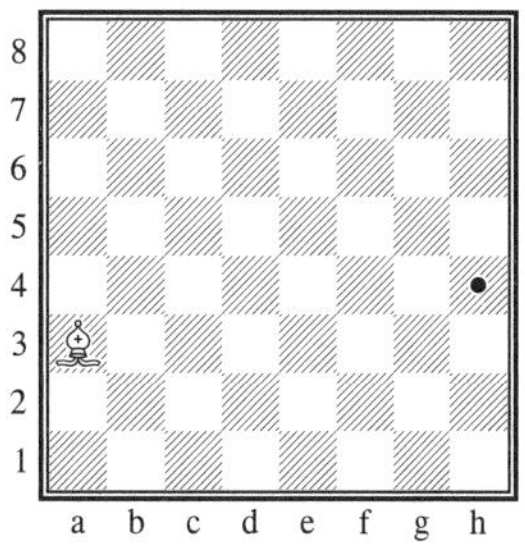

Parcours 2

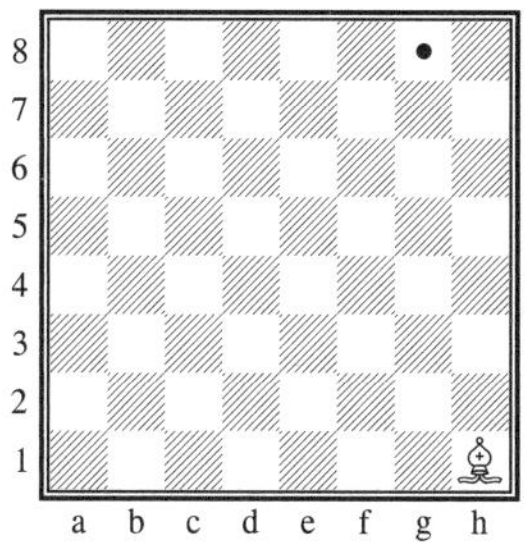

Parcours 3

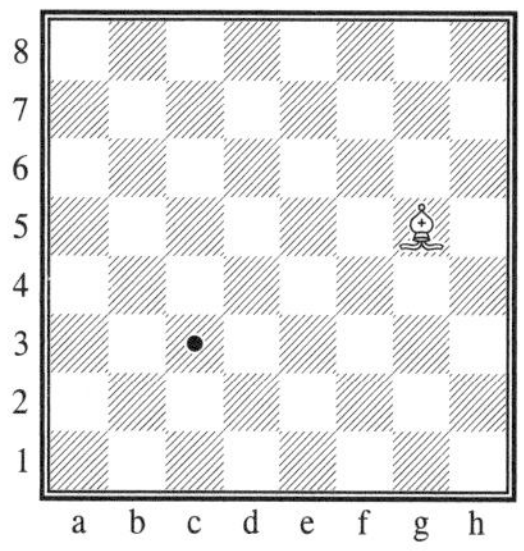

Parcours 4

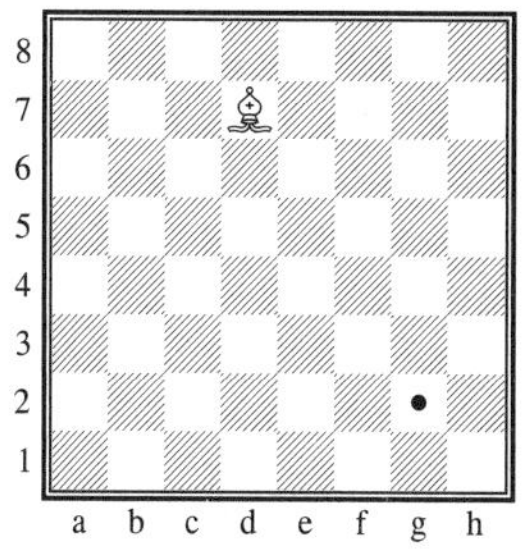

Jeux de **parcours Fou** simples avec une contrainte : les cases marquées d'une croix sont interdites

Parcours 1

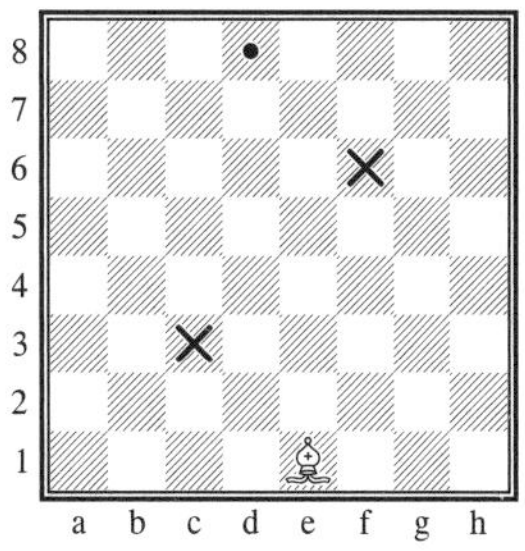

Parcours 2

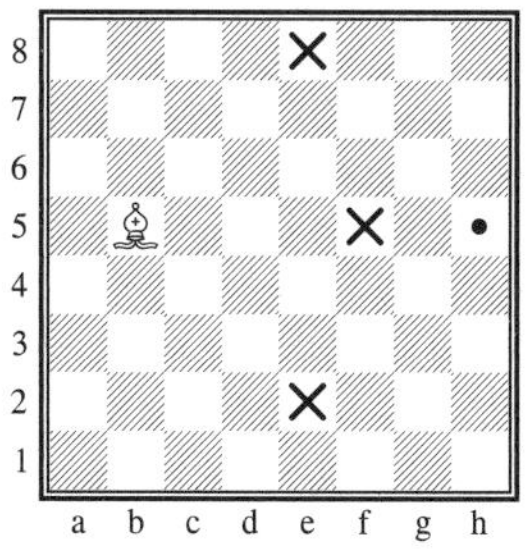

Parcours 3

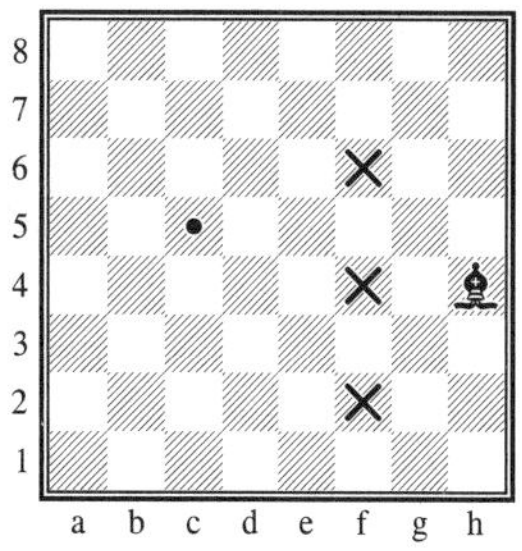

Parcours 4

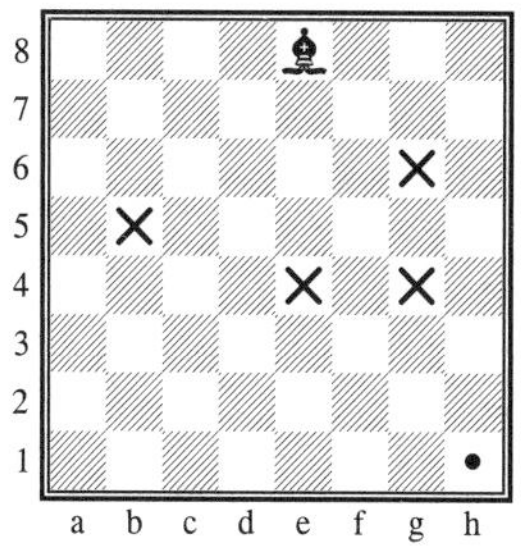

Jeux de parcours Cavalier simples

Parcours 1

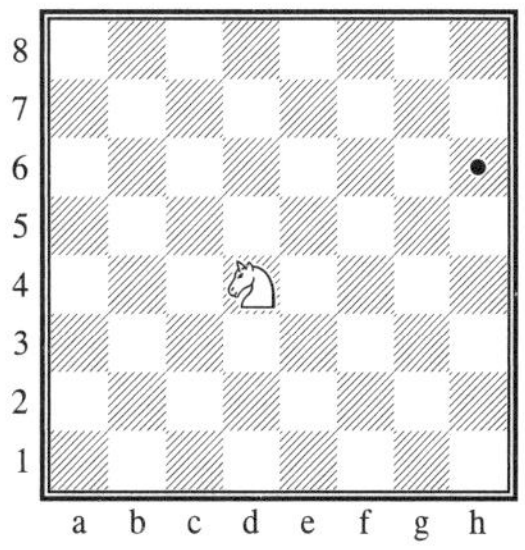

Parcours 2

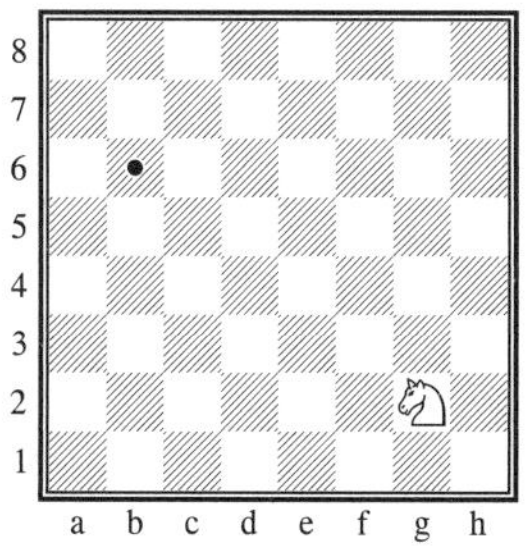

Parcours 3

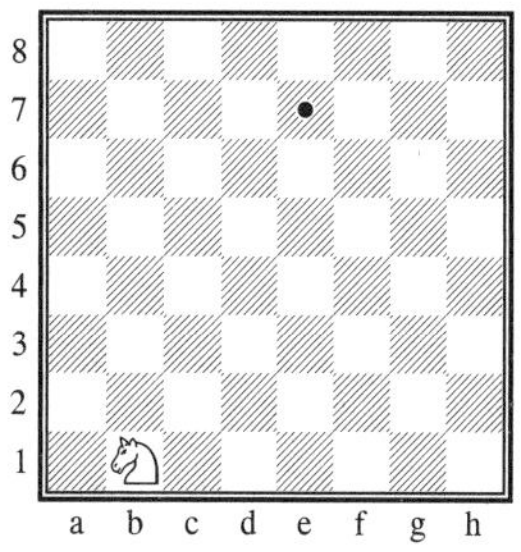

Parcours 4

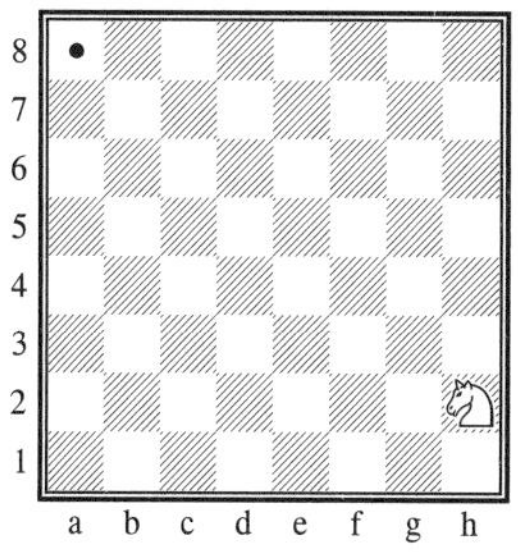

Jeux de **parcours Cavalier simples** avec une contrainte : les cases marquées d'une croix sont interdites.

Parcours 1

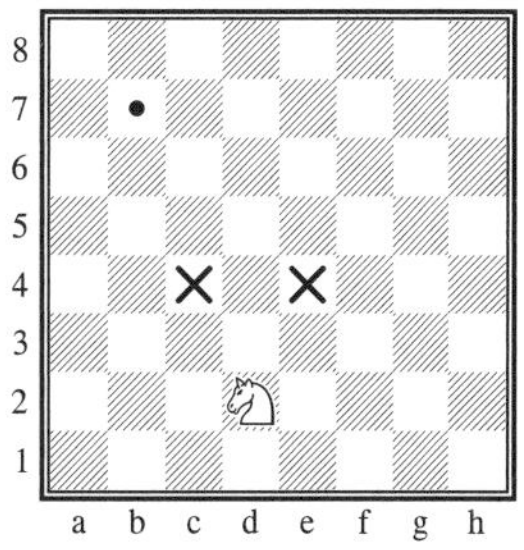

Parcours 2

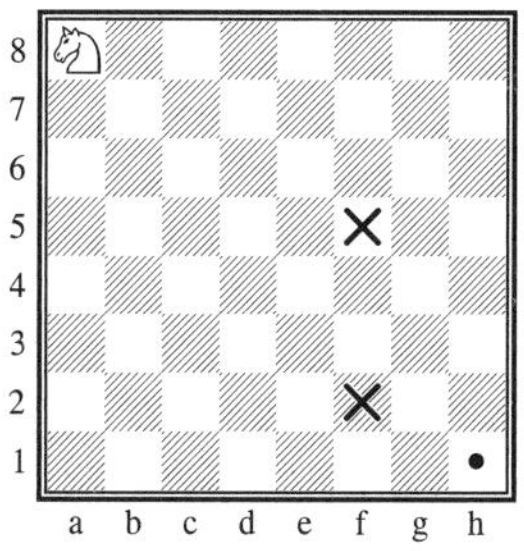

Parcours 3

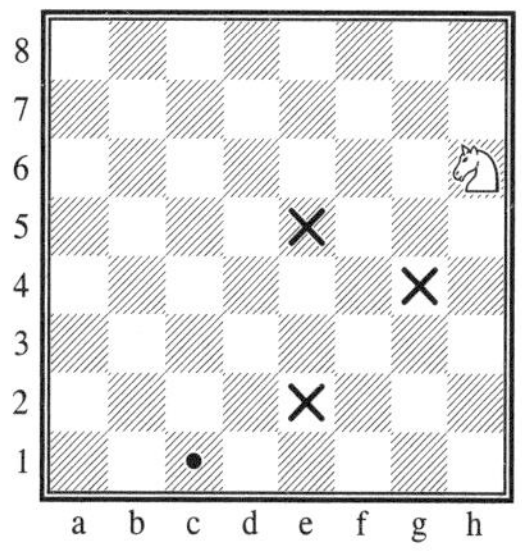

Parcours 4

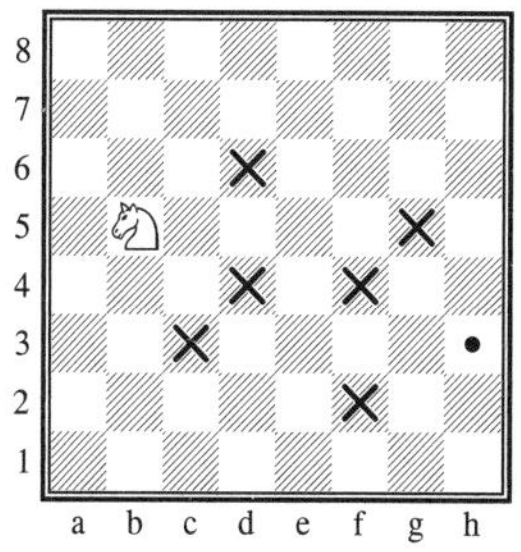

FICHE ENSEIGNANT
séance 25

LE MANÈGE DU MÉNAGE (1)

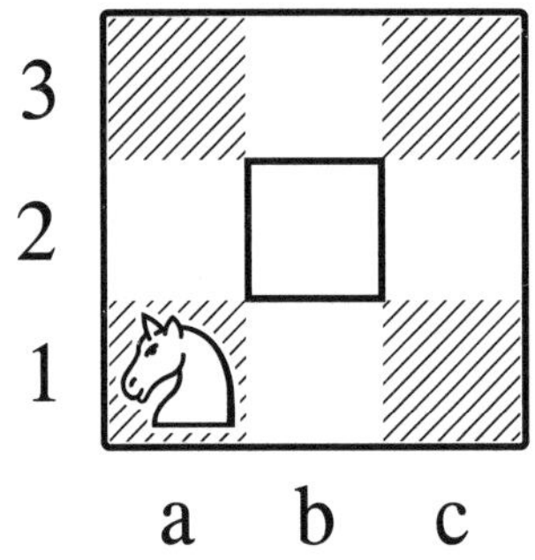

Le Cavalier blanc a une mission : nettoyer toutes les cases de la chambre en forme d'O de Dame Odile. Astucieux, il s'est attaché des serpillières à chaque patte ! Pour remplir son objectif, il doit sauter sur chaque case et faire briller le carrelage. Mais attention ! Il ne saurait laisser de traces. Il lui est donc interdit de sauter deux fois sur la même case. Pouvez-vous l'aider en lui indiquant une des deux solutions ?

Deux solutions possibles :
1) Cb3-c1-a2-c3-b1-a3-c2-a1
2) Cc2-a3-b1-c3-a2-c1-b3-a1

FICHE ÉLÈVE
séance **25**

LE MANÈGE DU MÉNAGE (1)

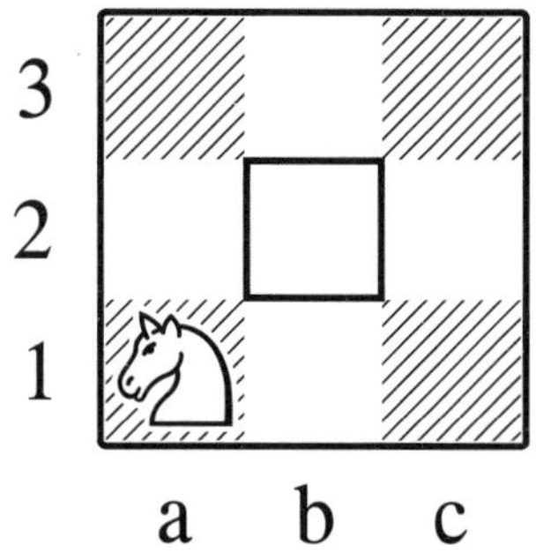

Le Cavalier blanc a une mission : nettoyer toutes les cases de la chambre en forme d'O de Dame Odile. Astucieux, il s'est attaché des serpillières à chaque patte ! Pour remplir son objectif, il doit sauter sur chaque case et faire briller le carrelage. Mais attention ! Il ne saurait laisser de traces. Il lui est donc interdit de sauter deux fois sur la même case. Pouvez-vous l'aider en lui indiquant une des deux solutions ?

FICHE ENSEIGNANT
séance 26

LE MANÈGE DU MÉNAGE (2)

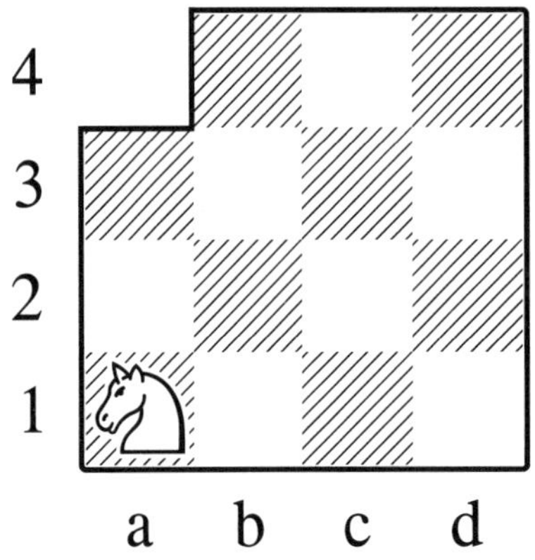

Le Cavalier blanc a une mission : il doit nettoyer toutes les cases de l'écurie du Roi. Astucieux, il s'est attaché des serpillières à chaque patte ! Pour remplir son objectif, il doit sauter sur chaque case et faire briller le carrelage. Mais attention ! Il ne saurait laisser de traces. Il lui est donc interdit de sauter deux fois sur la même case. Pouvez-vous l'aider ?

Une solution : Ca1-b3-d4-c2-b4-a2-c1-d3-b2-d1-c3-b1-d2-c4-a3

FICHE ÉLÈVE
séance 26

LE MANÈGE DU MÉNAGE (2)

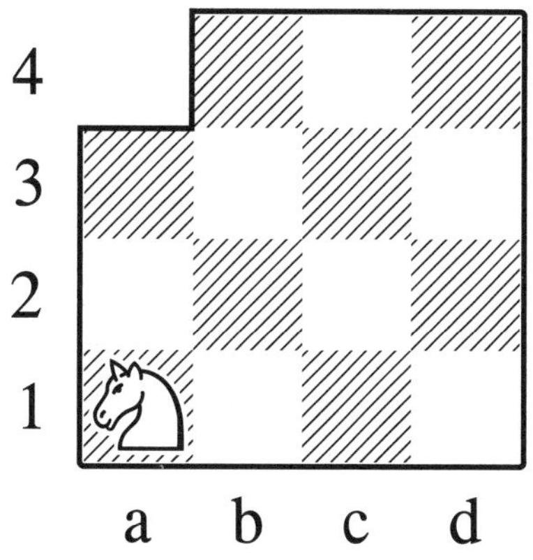

Le Cavalier blanc a une mission : il doit nettoyer toutes les cases de l'écurie du Roi. Astucieux, il s'est attaché des serpillières à chaque patte ! Pour remplir son objectif, il doit sauter sur chaque case et faire briller le carrelage. Mais attention ! Il ne saurait laisser de traces. Il lui est donc interdit de sauter deux fois sur la même case. Pouvez-vous l'aider ?

FICHE ENSEIGNANT
séance 27

LE MANÈGE DU MÉNAGE (3)

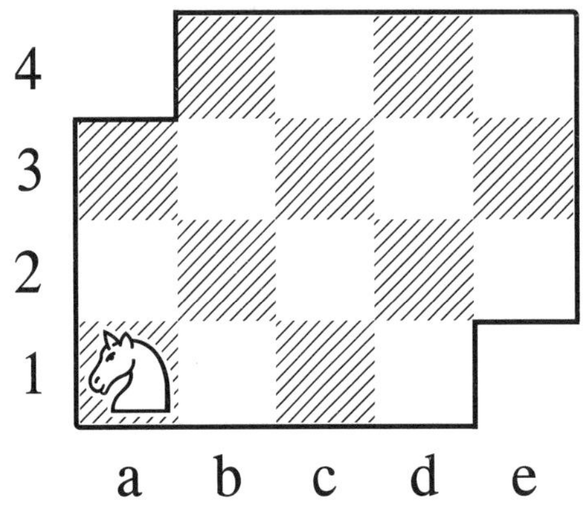

Le Cavalier blanc a une mission : nettoyer toutes les cases de la chambre du Roi. Astucieux, il s'est attaché des serpillières à chaque patte ! Il n'a plus qu'à sauter sur chaque case pour remplir sa mission et faire briller le carrelage. Peux-tu l'aider ?

Remarque : ce problème étant très difficile, même pour des adultes, n'hésitez pas à le faire en même temps que vos élèves (et en cachant la solution !). Vos difficultés leur montreront 1-que les problèmes proposés font d'eux des « grands » ; 2-que vous pouvez éprouver des difficultés vous aussi ! Ajoutons que le critère de réussite n'est pas nécessairement d'avoir parfaitement réussi le parcours. Si des élèves bloquent à 10 cases puis réussissent 12 cases à la tentative suivante, on peut considérer que leur résultat est honorable et témoigne de leur persévérance. L'élaboration d'une stratégie de résolution du problème et l'amélioration d'un parcours mettent en soi suffisamment de compétences en jeu pour qu'on valorise l'investissement de l'élève.

Solution : Cb3-d4-e2-c1-a2-b4-d3-b2-d1-c3-e4-d2-c4-e3-c2-a3-b1

FICHE ÉLÈVE
séance 27

LE MANÈGE DU MÉNAGE (3)

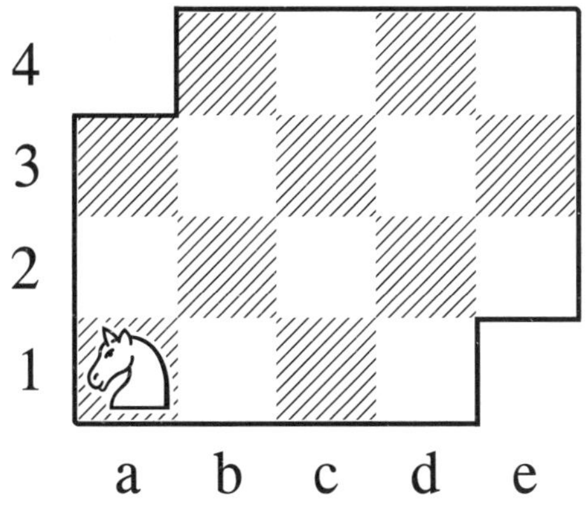

Le Cavalier blanc a une mission : nettoyer toutes les cases de la chambre du Roi. Astucieux, il s'est attaché des serpillières à chaque patte ! Il n'a plus qu'à sauter sur chaque case pour remplir sa mission et faire briller le carrelage. Peux-tu l'aider ?

FICHE ENSEIGNANT
séance 28

JEU DE PARCOURS (1)

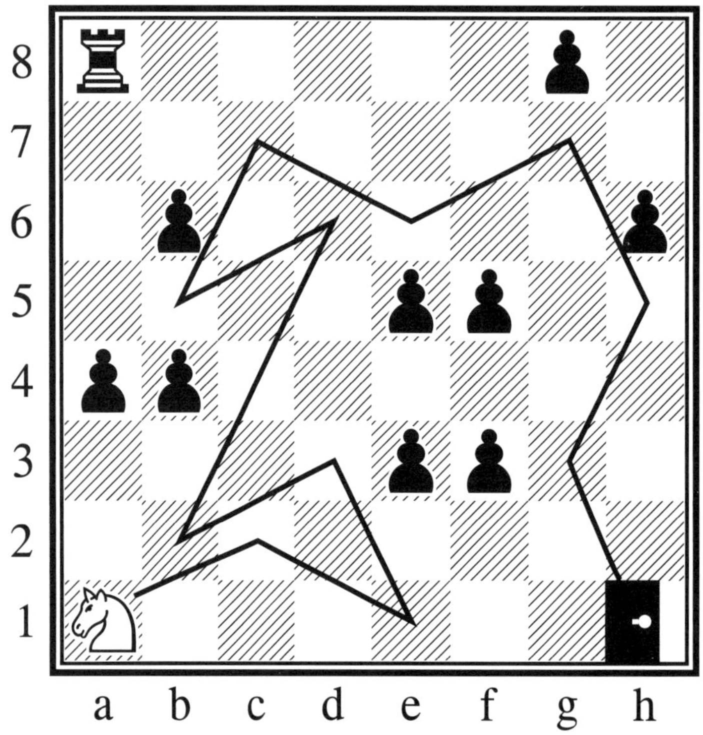

Le Cavalier blanc doit à tout prix s'enfuir du château du Roi noir. Il a bien repéré une porte pour s'enfuir en h1 mais le château est plein de gardes armés qu'on ne peut pas attaquer : neuf pions et une Tour essaient de l'empêcher de partir.

Le Cavalier doit donc aller en h1 sans se poser une seule fois sur une case où un garde adverse pourrait le capturer. Peux-tu l'aider ?

Solution : Cc2-e1-d3-b2-c4-d6-b5-c7-e6-g7-h5-g3-h1

FICHE ÉLÈVE
séance 28

JEU DE PARCOURS (1)

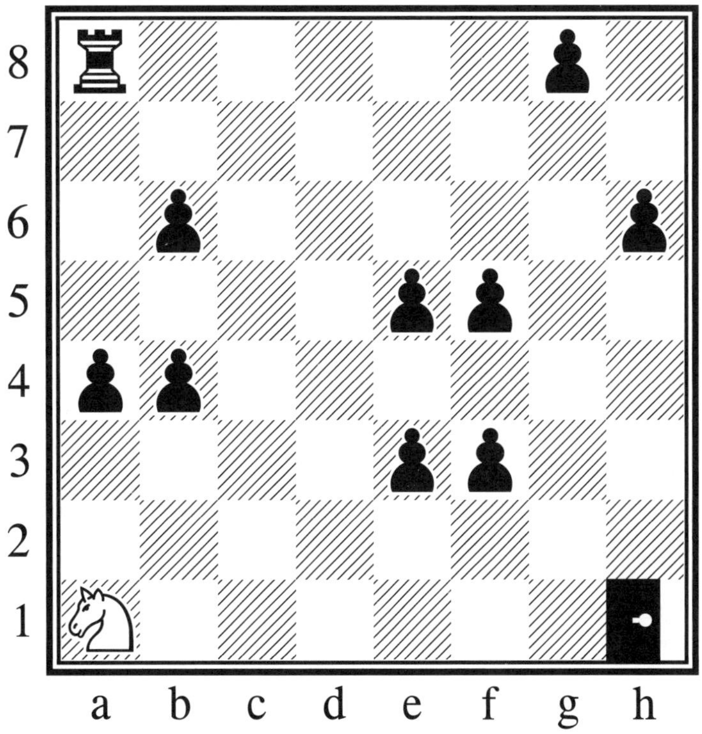

Le Cavalier blanc doit à tout prix s'enfuir du château du Roi noir. Il a bien repéré une porte pour s'enfuir en h1 mais le château est plein de gardes armés qu'on ne peut pas attaquer : neuf pions et une Tour essaient de l'empêcher de partir.

Le Cavalier doit donc aller en h1 sans se poser une seule fois sur une case où un garde adverse pourrait le capturer.

1. Élimine toutes les cases interdites en les barrant d'une croix rouge.

2. Trace à la règle un chemin qui lui permettra de s'enfuir en restant sain et sauf.

Annexes

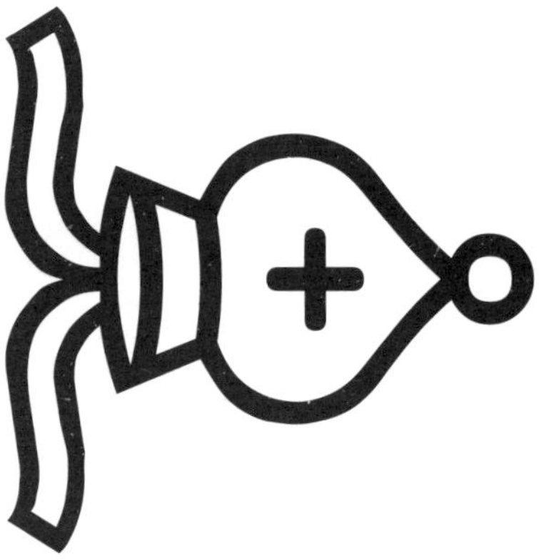

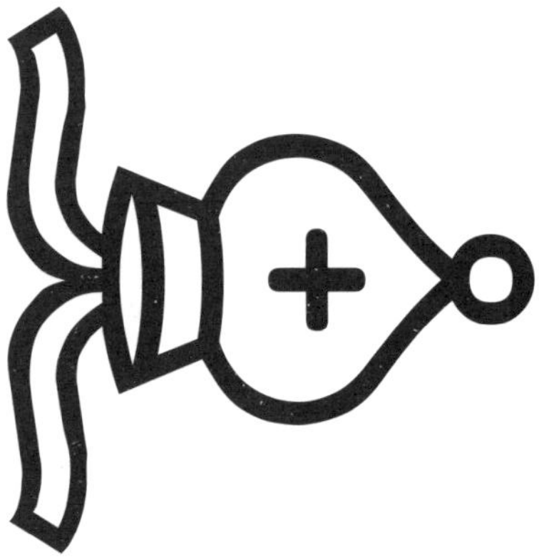

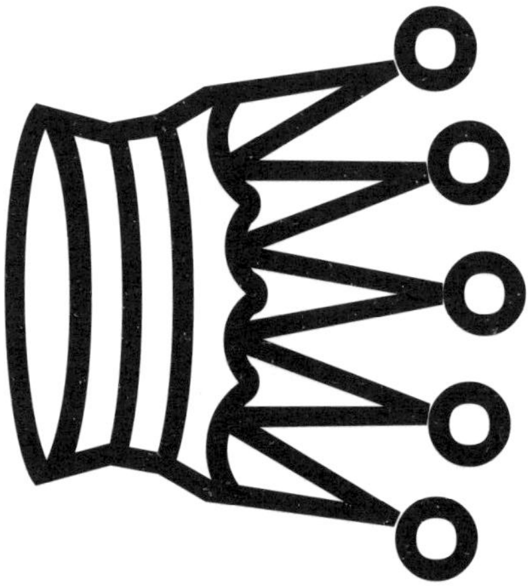

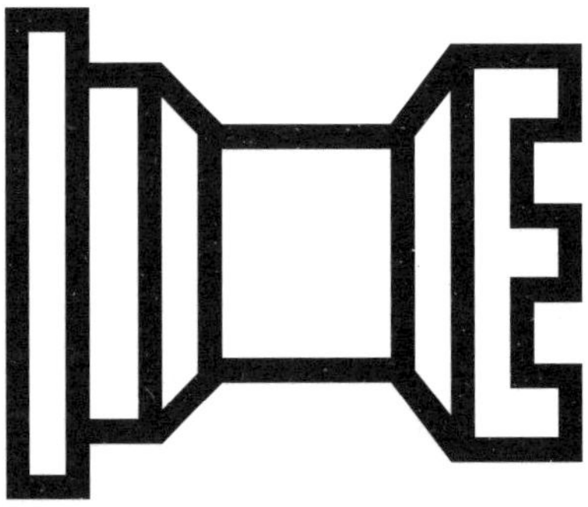

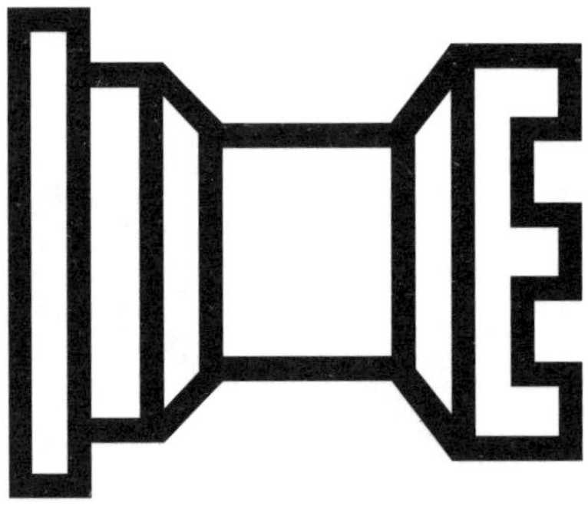

1	2	3	4	5	6	7	8
9	10	11	12	13	14	15	16
17	18	19	20	21	22	23	24
25	26	27	28	29	30	31	32
33	34	35	36	37	38	39	40
41	42	43	44	45	46	47	48
49	50	51	52	53	54	55	56
57	58	59	60	61	62	63	64

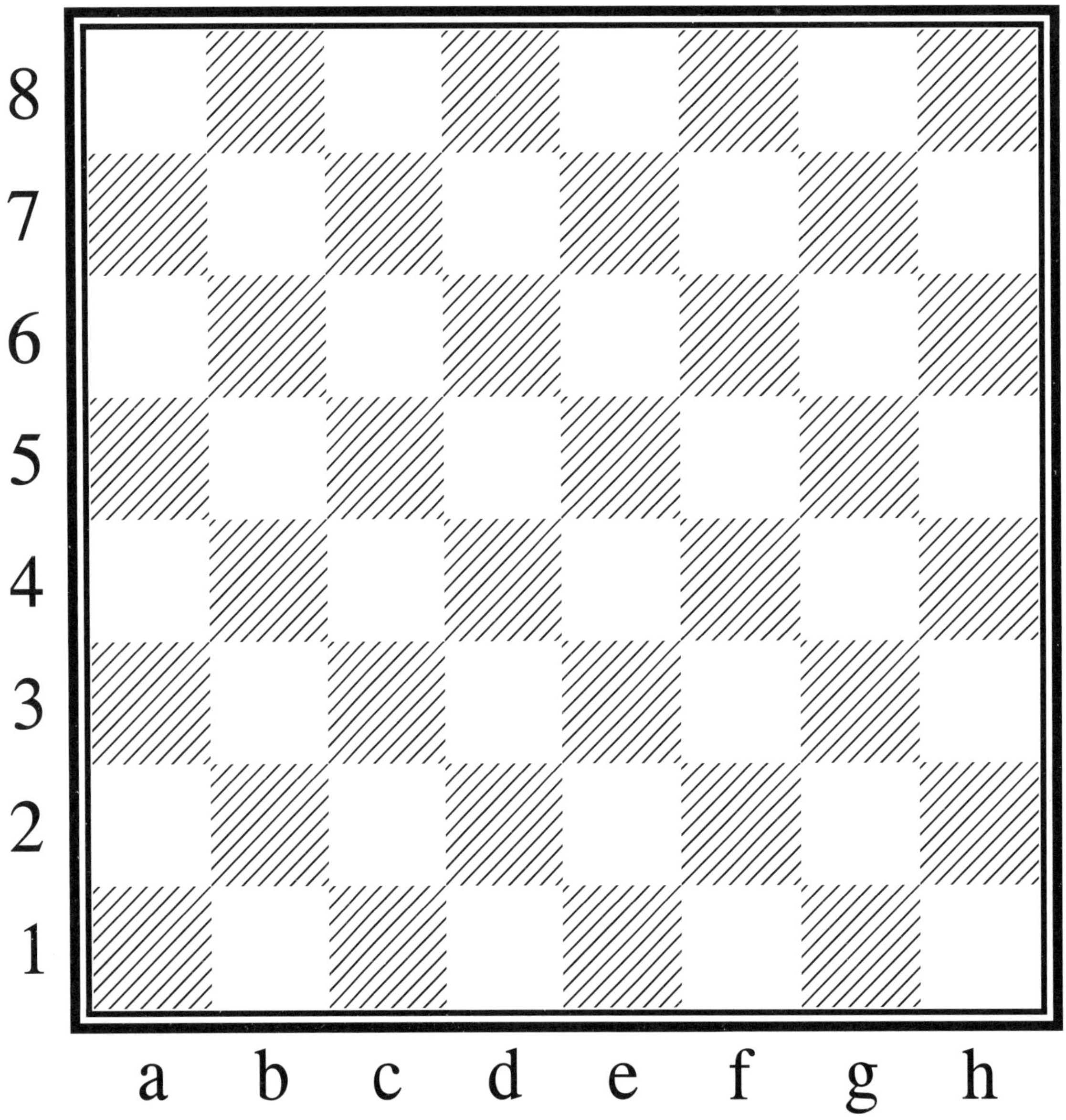
8
7
6
5
4
3
2
1
a b c d e f g h

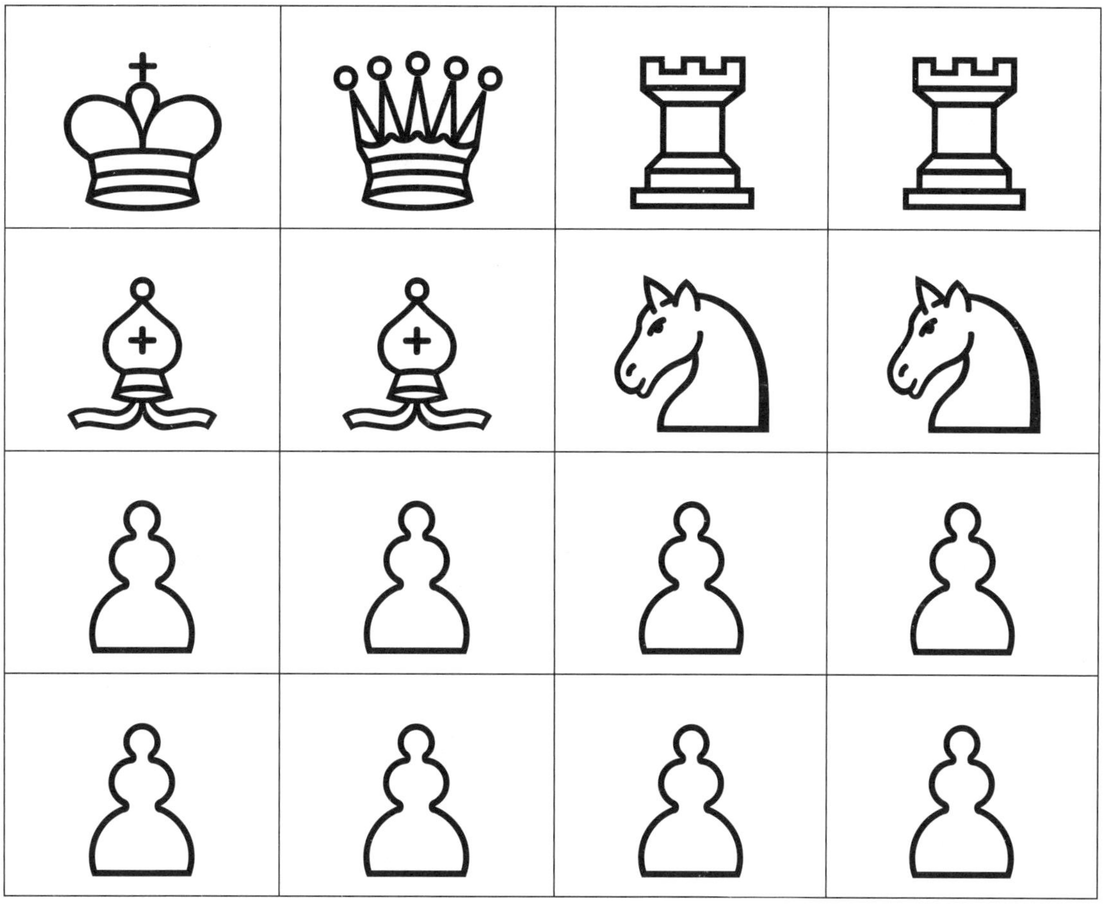

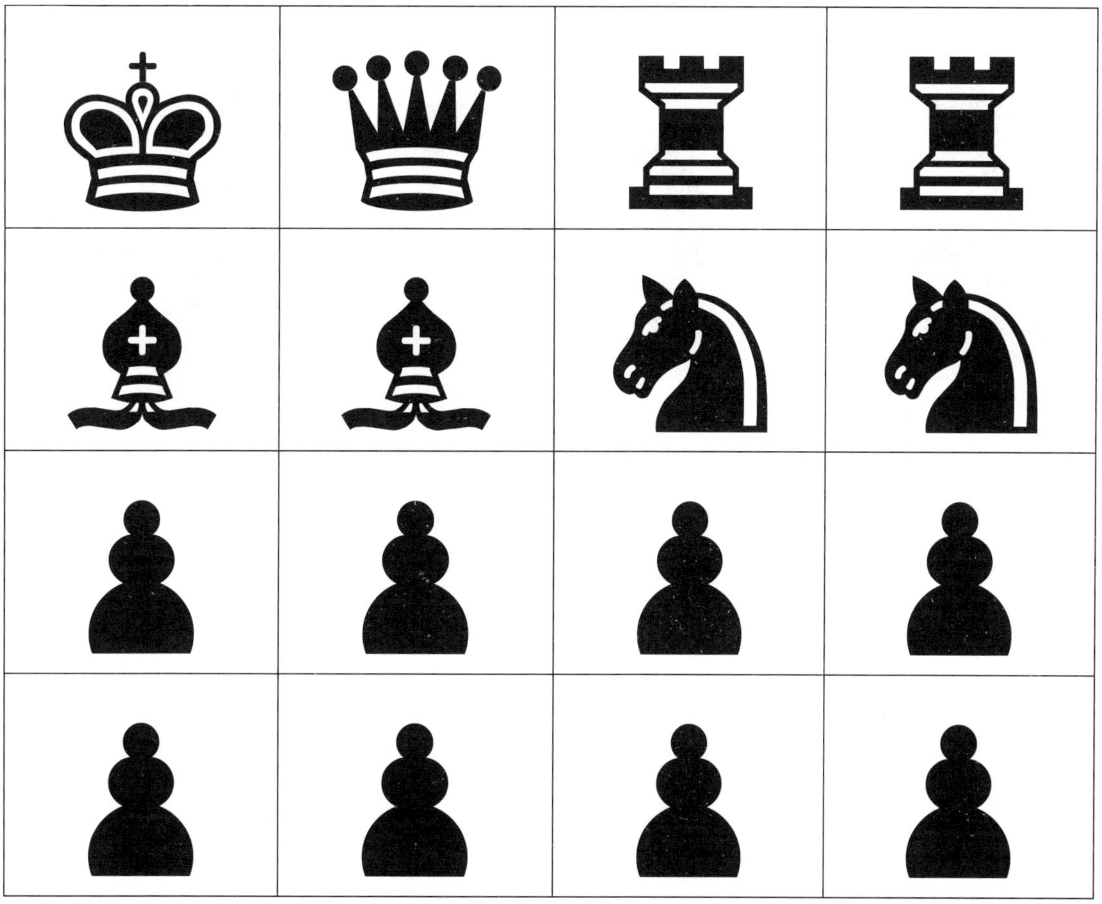

D R T

F C P

Achevé d'imprimer par
l'Imprimerie France Quercy, 46090 Mercuès
N° d'impression : 30365B- Dépôt légal : mars 2013

Imprimé en France